普通高等教育"十二五"规划教材

Visual Basic 程序设计上机实践教程
（第二版）

主　编　何振林　罗　奕

副主编　张　勇　庞燕玲　张庆荣　罗　维

中国水利水电出版社
www.waterpub.com.cn

内 容 提 要

本书作为《Visual Basic 程序设计教程（第二版）》（何振林，胡绿慧主编，中国水利水电出版社）的实验配套教材，可以与任何一本 VB 教材配套使用。

全书采用循序渐进的方式，共安排了 11 个大的实验，在每一个实验中安排了几个相对独立又存在联系的实验指导，同时给出大量的实验练习。在实验内容上充分重视实验过程，步骤清晰，易于操作和使用。

本书不仅适合作为普通高等院校学生学习 Visual Basic 程序设计的同步实验教材，同时也适合作为各类计算机与信息技术知识培训机构所开设 Visual Basic 程序设计课程的自学入门教材，还可作为参加二级 Visual Basic 等级考试的上机参考用书。

图书在版编目（CIP）数据

Visual Basic程序设计上机实践教程 / 何振林, 罗奕主编. -- 2版. -- 北京：中国水利水电出版社，2014.1（2016.1重印）
 普通高等教育"十二五"规划教材
 ISBN 978-7-5170-1374-7

Ⅰ. ①V… Ⅱ. ①何… ②罗… Ⅲ. ①BASIC语言－程序设计－高等学校－教材 Ⅳ. ①TP312

中国版本图书馆CIP数据核字(2013)第265111号

策划编辑：寇文杰　　责任编辑：李 炎　　封面设计：李 佳

书　　名	普通高等教育"十二五"规划教材 Visual Basic 程序设计上机实践教程（第二版）
作　　者	主　编　何振林　罗 奕 副主编　张　勇　庞燕玲　张庆荣　罗　维
出版发行	中国水利水电出版社 （北京市海淀区玉渊潭南路 1 号 D 座　100038） 网址：www.waterpub.com.cn E-mail: mchannel@263.net（万水） 　　　　sales@waterpub.com.cn 电话：（010）68367658（发行部）、82562819（万水）
经　　售	北京科水图书销售中心（零售） 电话：（010）88383994、63202643、68545874 全国各地新华书店和相关出版物销售网点
排　　版	北京万水电子信息有限公司
印　　刷	三河市铭浩彩色印装有限公司
规　　格	184mm×260mm　16 开本　10.5 印张　257 千字
版　　次	2011 年 1 月第 1 版　　2011 年 1 月第 1 次印刷 2014 年 1 月第 2 版　　2016 年 1 月第 3 次印刷
印　　数	6001—9000 册
定　　价	21.00 元

凡购买我社图书，如有缺页、倒页、脱页的，本社发行部负责调换

版权所有·侵权必究

编　委　会

主　编：何振林　罗　奕

副主编：张　勇　庞燕玲　张庆荣　罗　维

编　委：孟　丽　赵　亮　肖　丽　张庆荣

　　　　王俊杰　刘剑波　杨　霖　何剑蓉

前　言

　　Visual Basic（本书使用 VB6.0 中文版）是美国微软公司（Microsoft Corporation）推出的，为当今深受欢迎的程序设计语言之一。其简练的语法、强大的功能、结构化程序设计以及方便快捷的可视化编程手段，使得编写 Windows 环境下的应用程序非常容易。因此，Visual Basic 已经成为目前许多高等院校首选的教学用程序设计语言。

　　学好任何一门程序设计语言（Visual Basic 语言也不例外）的基础就是加强上机操作训练，计算机编程能力的培养和提高，要靠大量的上机实验来实现。为配合《Visual Basic 程序设计教程（第二版）》（何振林、胡绿慧主编，中国水利水电出版社）教材的学习和对其内容的理解，我们编写了这本《Visual Basic 程序设计上机实践教程（第二版）》。

　　全书采用循序渐进的方式，共安排了 11 个大的实验。这 11 个实验分别是 Visual Basic 程序设计初步、数据类型、运算符和函数、程序的控制结构及应用、数组及应用、常用标准控件、过程与函数、菜单与界面设计、图形操作、文件操作、数据库应用与程序调试和错误处理。结合作者在教学上的经验，在每一个实验中又安排了几个相对独立又存在联系的实验指导。在实验内容上充分重视实验过程，步骤清晰，易于操作和使用。

　　在每个实验的后面，是作者精心准备的实验练习题，通过课后练习题这部分的上机操作，使读者进一步掌握本实验所涉及的知识点，了解 VB 程序的编程技巧，拓展 VB 学习的空间。

　　本书由何振林、罗奕任主编，张勇、庞燕玲、张庆荣、罗维任副主编，参加编写的还有胡绿慧、孟丽、赵亮、肖丽、王俊杰、刘剑波、杨霖、何剑蓉、刘平等。

　　本书力求做到语言流畅，数据一致，结构简明，内容丰富，条理清晰，循序渐进，可操作性强，同时注重应用能力的培养。

　　本书在编写过程中，参考了大量的资料，在此对这些资料的作者表示感谢，同时也特别感谢为本书的写作提供帮助的人们。本书的顺利出版得到了中国水利水电出版社以及有关兄弟院校的大力支持，在此一并表示感谢。

　　由于编者的水平有限，书中难免会出现缺点和错误，恳请广大读者批评指正。

编　者

2013 年 10 月

目 录

前言

第1章 Visual Basic 程序设计初步 ………… 1
   一、实验目的 ………………………………… 1
   二、实验指导 ………………………………… 1
   三、实验练习 ………………………………… 8

第2章 数据类型、运算符和函数 ………… 18
   一、实验目的 ………………………………… 18
   二、实验指导 ………………………………… 18
   三、实验练习 ………………………………… 20

第3章 程序的控制结构及应用 …………… 26
   一、实验目的 ………………………………… 26
   二、实验指导 ………………………………… 26
   三、实验练习 ………………………………… 30

第4章 数组及应用 ………………………… 36
   一、实验目的 ………………………………… 36
   二、实验指导 ………………………………… 36
   三、实验练习 ………………………………… 39

第5章 常用标准控件 ……………………… 47
   一、实验目的 ………………………………… 47
   二、实验指导 ………………………………… 47
   三、实验练习 ………………………………… 53

第6章 过程与函数 ………………………… 65
   一、实验目的 ………………………………… 65
   二、实验指导 ………………………………… 65

   三、实验练习 ………………………………… 71

第7章 菜单与界面设计 …………………… 81
   一、实验目的 ………………………………… 81
   二、实验指导 ………………………………… 81
   三、实验练习 ………………………………… 87

第8章 图形操作 …………………………… 96
   一、实验目的 ………………………………… 96
   二、实验指导 ………………………………… 96
   三、实验练习 ………………………………… 99

第9章 文件操作 …………………………… 109
   一、实验目的 ………………………………… 109
   二、实验指导 ………………………………… 109
   三、实验练习 ………………………………… 115

第10章 数据库应用 ……………………… 124
   一、实验目的 ………………………………… 124
   二、实验指导 ………………………………… 124
   三、实验练习 ………………………………… 143

第11章 程序调试与错误处理 …………… 146
   一、实验目的 ………………………………… 146
   二、实验指导 ………………………………… 146
   三、实验练习 ………………………………… 154

附录 Visual Basic 6.0 常见错误信息 …… 160
参考文献 …………………………………… 162

第 1 章 Visual Basic 程序设计初步

一、实验目的

1. 熟悉 Visual Basic（以下简称 VB）的启动与退出。
2. 了解 VB 的集成开发环境，熟悉各主要窗口的作用和使用帮助。
3. 了解 VB 应用程序的开发过程。
4. 掌握程序设计中的 Print 和 End 命令语句的使用。
5. 熟练掌握 VB 中的面向对象程序设计的一般方法，理解什么是对象及对象的属性、事件和方法的含义。
6. 理解并会使用窗体和基本控件（命令按钮、标签和文本框等）的常用的属性、事件和方法。

二、实验指导

例 1-1 练习 Visual Basic 6.0 的启动与退出，熟悉 Visual Basic 6.0 的集成开发环境，了解各主要窗口的作用，但不创建任何工程。

操作方法如下：

（1）启动 VB

①依次单击"开始"→"程序"→"Microsoft Visual Basic 6.0 中文版"→"Microsoft Visual Basic 6.0 中文版"，出现如图 1-1 所示的启动界面。

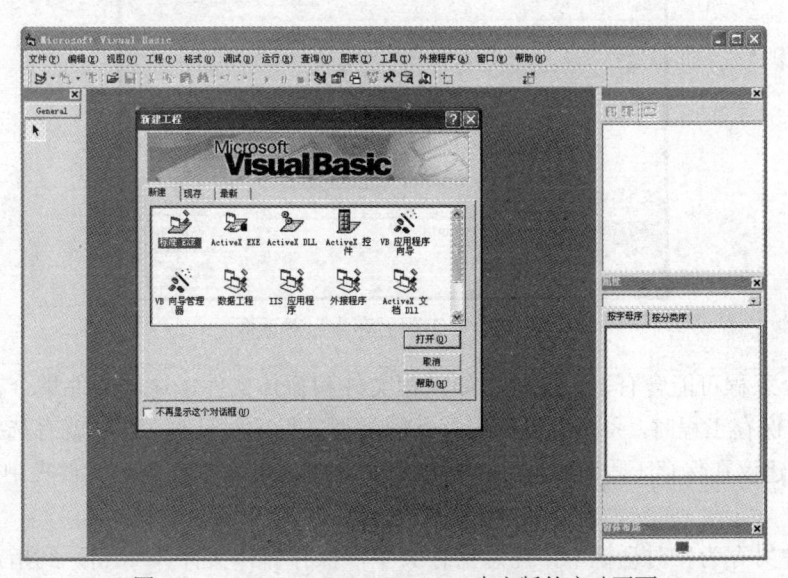

图 1-1 Microsoft Visual Basic 6.0 中文版的启动画面

②在启动时显示的"新建工程"对话框中，单击"取消"按钮就可以实现"不创建任何

工程"。VB 应用程序窗口的完整开发界面如图 1-2 所示。

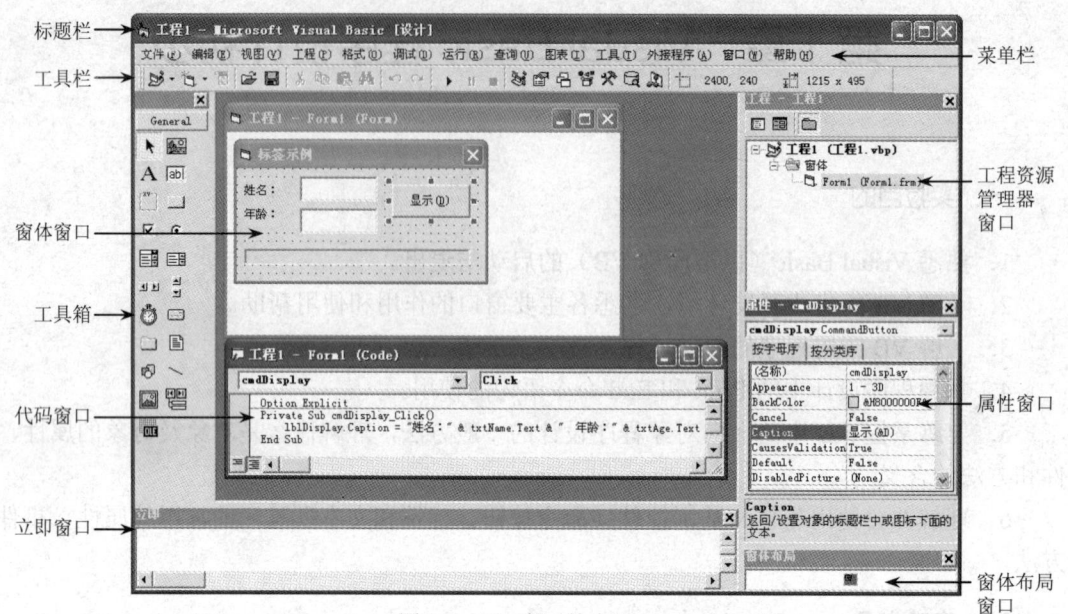

图 1-2　VB 窗口的布局

（2）退出 VB

①设计好的应用程序在调试正确以后需要保存工程，即以文件的方式保存到磁盘上。这可通过"文件"菜单中的"保存工程"或"工程另存为"命令，也可直接单击工具栏上的"保存工程"按钮，系统将打开"工程另存为"对话框，如图 1-3 所示。

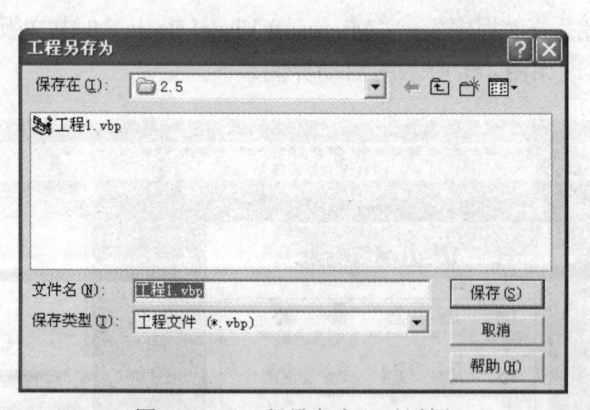

图 1-3　"工程另存为"对话框

由于一个工程可能含有多种文件，如工程文件和窗体文件，这些文件集合在一起才能构成应用程序。保存工程时，系统会提示保存不同类型文件的对话框，这样就有选择存放位置的问题。因此，建议在保存工程时将同一工程所有类型的文件存放在同一文件夹中，以便修改和管理程序文件。

在"文件另存为"对话框中，注意保存类型，保存窗体文件（*.frm）到指定文件夹中。窗体文件存盘后系统会弹出"工程另存为"对话框，保存类型为工程文件（*.vbp），默认工程文件名为"工程 1.vbp"，保存工程文件到指定文件夹中。

工程文件保存后，随后弹出 Source Code Control 对话框，询问是否把当前工程添加到微软的版本管理器中，单击 No 按钮即可。

如果计算机上没有安装 Visual SourceSafe 则不会出现 Source Code Control 对话框。

工程文件保存时，依次出现的保存对话框如图 1-4 所示。

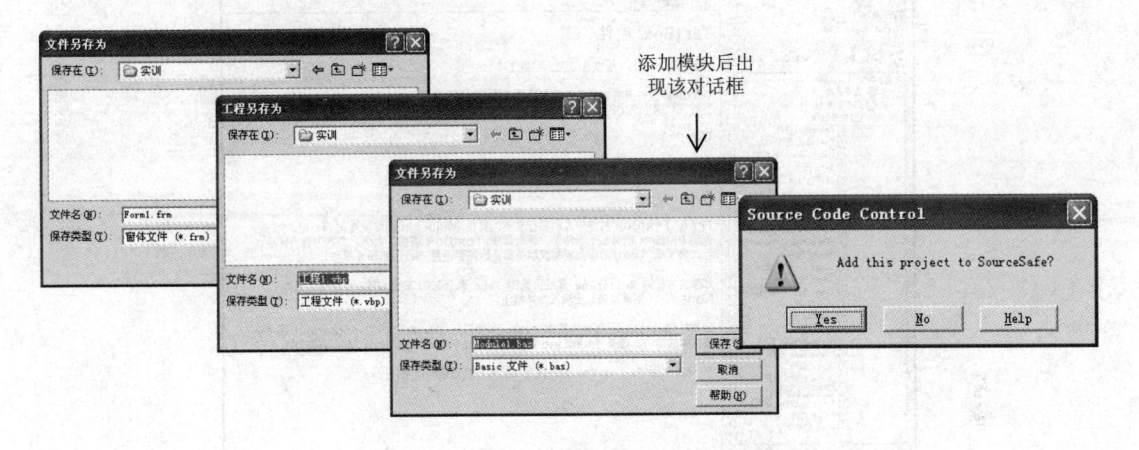

图 1-4　应用程序保存时出现的对话框

②单击"文件"菜单中的"退出"命令，或单击标题栏右上角的"关闭"按钮，均可退出 VB 程序。

例 1-2　在开始使用 VB 后，总会遇到很多问题需要解决，通过查看 VB 的帮助文件是一个快捷的方法。安装了 MSDN 之后，VB 与 Microsoft 公司的其他编程语言都可以通过 MSDN Library 获得大量详细的帮助信息。

下面通过"内容"、"索引"和"搜索"功能获得帮助信息。

（1）通过"内容"查找 TextBox 控件的"PasswordChar"属性。

①在 VB 的环境下选择"帮助"菜单的"内容"菜单项。

②在左侧的"活动子集"中选定"Visual Basic 文档"，如图 1-5 所示。

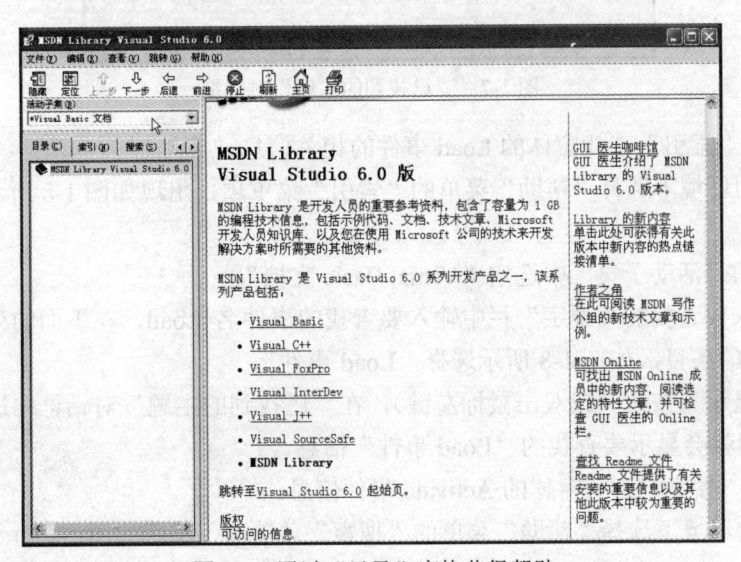

图 1-5　通过"目录"窗格获得帮助

③在"目录"选项卡中,选择"Visual Basic 文档"→"参考"→"控件参考"→"固有控件",出现固有控件的下拉列表,如图 1-6 所示。

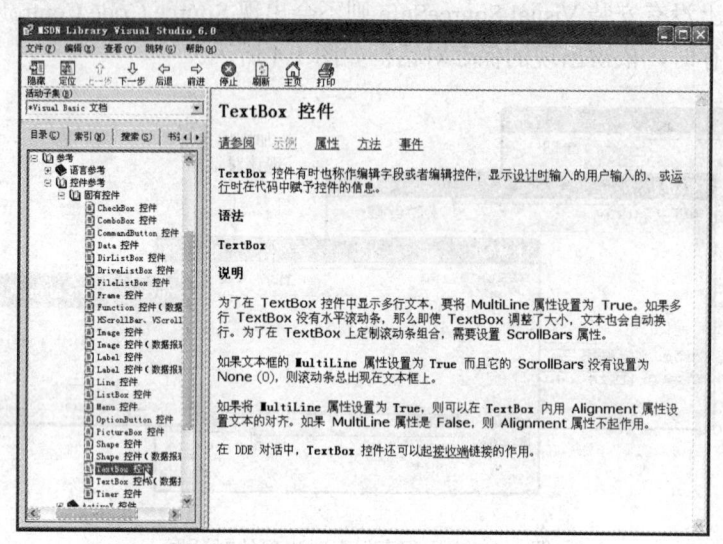

图 1-6 显示 TextBox 控件的帮助界面

④单击 TextBox 控件。

⑤在图 1-6 的上部单击"属性",就出现"已找到的主题"对话框,如图 1-7 所示,选择"PasswordChar"属性。

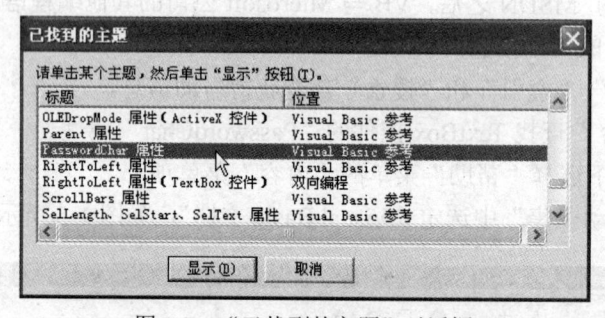

图 1-7 "已找到的主题"对话框

(2)通过"索引"查找窗体的 Load 事件的相关信息。

①在 VB 的环境下选择"帮助"菜单的"索引"菜单项,出现如图 1-8 所示的"索引"帮助界面。

②在左侧的"活动子集"中选定"Visual Basic 文档"。

③在"键入要查找的关键字"栏中输入要查找的事件名 Load,在下面的列表框中就显示含有 Load 事件的条目,如图 1-8 所示选择"Load 事件"。

④单击"显示"按钮(或双击鼠标左键),在"已找到的主题"对话框中选择一个主题,则图 1-8 的右侧就会显示要查找的"Load 事件"信息。

(3)通过"搜索"查找窗体的 Activate 事件信息。

①在 VB 的环境下选择"帮助"菜单的"搜索"菜单项,出现如图 1-9 所示的"搜索"帮助界面。

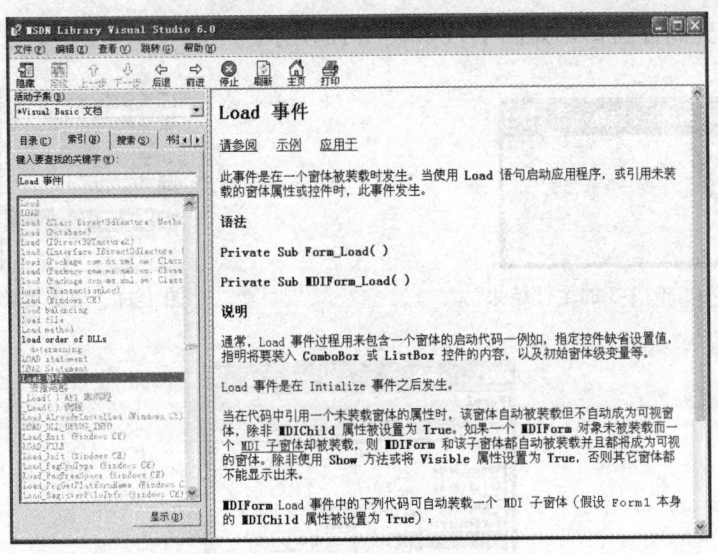

图 1-8 "索引"帮助界面

②在左侧的"活动子集"中选定"Visual Basic 文档"。

③在"键入要查找的单词"栏中输入要查找的事件名"Activate 事件",单击下面的"列出主题"按钮后,则在下面的列表框中就显示含有 Activate 事件的条目。

④选择"Activate、Deactivate 事件"后,双击鼠标左键,则图 1-9 的右侧就会显示要查找的"Activate 事件"信息。

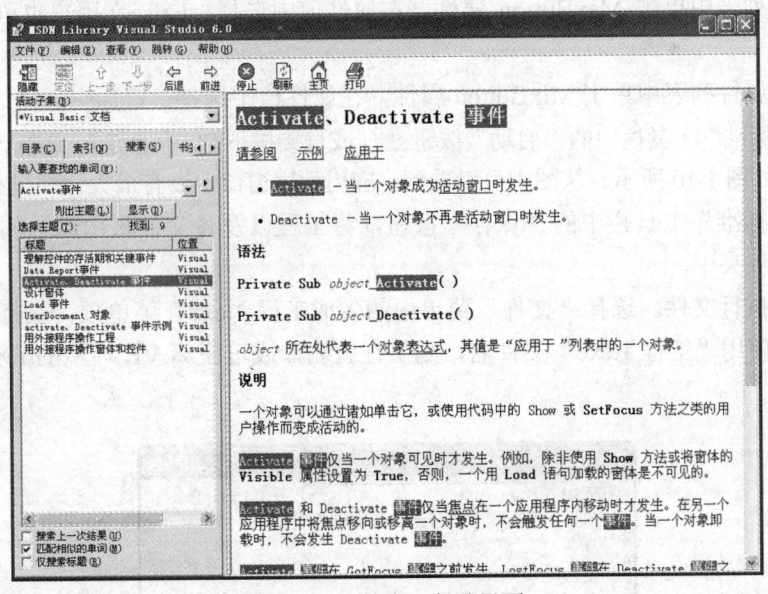

图 1-9 "搜索"帮助界面

例 1-3 通过窗体的 Caption(标题)、MaxButton(最大化按钮)和 MinButton(最小化按钮)等属性设置,了解窗体属性设置的一般方法,运行结果如图 1-10 所示。

操作步骤如下:

①启动 VB 后,出现如图 1-1 所示的界面。在"新建工程"对话框中,在默认选项时,直接单击"打开"按钮,新建一窗体。在窗体设计器中右击窗体,在弹出的快捷菜单选择"属性

窗口"命令，打开属性窗口，如图 1-11 和图 1-12 所示。

图 1-10　例 1-3 的运行结果　　　　　　　　图 1-11　快捷菜单

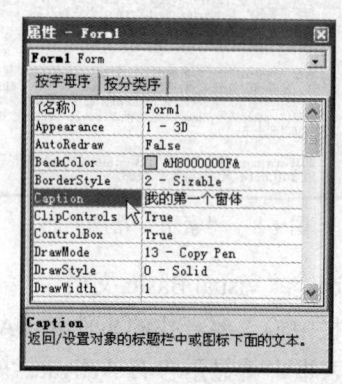

图 1-12　属性窗口

②在属性列表中单击 Caption 属性，在右侧文本框中输入标题：我的第一个窗体。

③在属性列表中单击 MaxButton 属性，在属性值中选择：False（用户也可双击改变该属性）。

④同样在属性列表中单击 MixButton 属性，在属性值中选择：False。

⑤单击"标准"工具栏中的"启动"按钮 ▶（或直接按下 F5 功能键），运行该程序，将会得到运行结果，如图 1-10 所示。从图中可以看到，应用程序窗口中没有最大化和最小化按钮。

⑥单击"标准"工具栏中的"保存"按钮，将工程以及各文件采用默认的方式保存到指定的磁盘和文件夹中。

⑦生成可执行文件。选择"文件"菜单中的生成工程 1.exe"菜单项，在打开的"生成工程"对话框中使用"工程 1.exe"文件名，则工程就编译成可脱离 VB 环境的 EXE 文件，如图 1-13 所示。

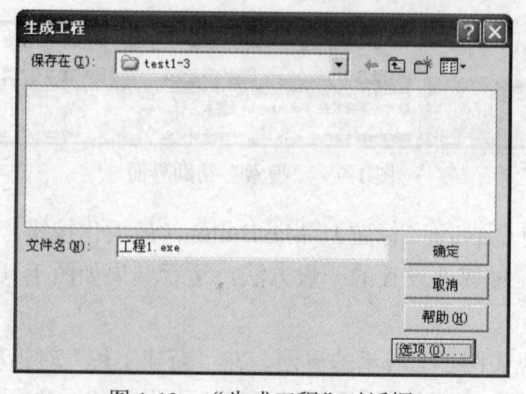

图 1-13　"生成工程"对话框

⑧在 Windows 环境下查找"工程 1.exe"文件，双击可运行该文件。

例 1-4 在例 1-3 建立的窗体基础上，双击窗体，在弹出的代码窗口中，选择事件 Load，并在代码窗口中输入：

```
Private Sub Form_Load()
    Form1.Caption = "当前系统日期是：" & Date
End Sub
```

然后，单击"标准"工具栏上的"启动"按钮 ▶，运行该窗体，运行结果如图 1-14 所示。

图 1-14 窗体运行结果

例 1-5 设计一个如图 1-15（a）所示的密码输入界面，其中文本框 Text1 的最大允许长度为 6。程序运行时，文本框 Text1 的内容可被选定，先在文本框中输入密码，然后单击"显示"命令按钮后，用户输入的密码在标签 Label2 中显示，如图 1-15（b）所示。

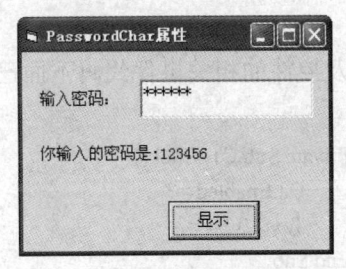

（a）设计界面　　　　　　　　　（b）运行界面

图 1-15 例 1-5 运行示意图

分析：本例主要考察读者如下知识。
- 文本框 TextBox 的 PasswordChr、MaxLength、SelLength 等常用属性的使用；
- 标签 Label 的 Caption、AutoSize、Enabled 等属性的使用；
- 窗体 Form 的 Load 事件以及命令按钮 Command 的 Click 事件如何使用、在什么时刻使用的方法。

设计步骤如下：

①创建一个窗体，然后在窗体上添加两个标签控件 Label1～2；一个文本框控件 Text1；一个命令按钮控件 Command1。

②设置窗体标题为：PasswordChar 属性；标签 Label1 的标题 Caption 为"输入密码:"，AutoSize 属性设置为 True。

③设置文本框 Text1 的 PasswordChar 属性值为"*"，MaxLength 属性值为 6。

④为窗体 Form 的 Load 事件和"显示"按钮 Command1 的 Click 事件编写如下的代码：

```
Private Sub Command1_Click()
    Label2.Caption = "你输入的密码是:" & Form1.Text1.Text
End Sub
```

```
Private Sub Form_Load()      '窗体运行初始时显示的内容
    Label2.Caption = ""      '设置标签标题为空
    Text1.SelLength = 6      '选定了文本框中的内容
End Sub
```

三、实验练习

1. 在 Form1 的窗体上画一个文本框，其名称为 Text1；再画两个命令按钮，其名称分别为 C1 和 C2，标题分别为"显示"和"退出"，编写适当的事件过程。程序运行后，在窗体加载时使"退出"按钮不可用，如果单击"显示"按钮，则在文本框中显示"等级考试"，并使"退出"按钮可用，此时如果单击"退出"按钮，则结束程序。程序运行情况如图 1-16 所示。

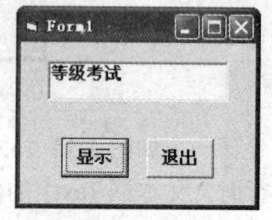

(a) 运行初始时　　　　　　　　(b) 单击了"显示"按钮

图 1-16　练习 1 图

窗体及控件的相关事件代码下面已给出，程序不完整，请将程序中的"？"替换成正确的代码。

```
Private Sub C1_Click()
    C2.Enabled = ?
    Text1.Text = ?
End Sub
Private Sub C2_Click()
    End
End Sub
Private Sub Form_Load()
    C2.Enabled = ?
End Sub
```

2. 在 Form1 的窗体上画一个命令按钮，其名称为 C1，标题为"显示"；再画一个文本框，其名称为 Text1，编写适当的事件过程。程序运行后，在窗体加载时使文本框不可见，如果双击窗体，则文本框出现；此时如果单击命令按钮，则在文本框中显示"等级考试"。程序运行情况如图 1-17 所示。

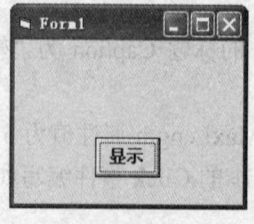

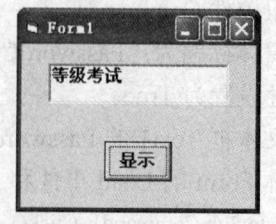

(a) 运行初始时　　　　　　　　(b) 单击了"显示"按钮

图 1-17　练习 2 图

窗体及控件的相关事件代码下面已给出，程序不完整，请将程序中的"？"替换成正确的代码。

```
Private Sub C1_Click()
    ? = "等级考试"
End Sub
Private Sub Form_DblClick()
    Text1.Visible = ?
End Sub
Private Sub Form_Load()
    Text1.Visible = False
End Sub
```

3．新建一个工程，在窗体 Form1 上画一个文本框，其名称为 Text1，Text 属性为空白。再画一个命令按钮，其名称为 C1，Visible 属性为 False。编写适当的事件过程。程序运行后，如果在文本框中输入字符，则命令按钮出现。程序运行情况如图 1-18 所示。

图 1-18　练习 3 图

文本框 Text1 的相关事件代码下面已给出，程序不完整，请将程序中的"？"替换成正确的代码。

打开代码窗口，输入如下的代码：

```
Private Sub Text1_?()
    C1.? = True
End Sub
```

4．如图 1-19 所示，新建一个工程，在名称为 Form1 的窗体上，画一个名称为 Label1 的标签，其标题为"计算机等级考试"，字体在程序运行初始时为楷体，字号为 18，且能根据标题，自动调整标签的大小，同时"缩小"命令按钮可用，"还原"命令按钮不可用。再画两个名称为 Cmd1、Cmd2 的命令按钮，标题分别为"缩小"和"还原"。编写适当的事件过程，使得单击"缩小"命令按钮，Label1 中所显示的标题内容就自动减小 6 个字号，"缩小"命令按钮不可用，"还原"命令按钮可用；单击"还原"命令按钮，Label1 所显示的标题内容大小自动恢复到 18 号，"还原"命令按钮不可用，"缩小"命令按钮可用。

（a）运行初始时　　　　　　　　　　（b）单击了"缩小"按钮

图 1-19　练习 4 图

窗体及命令按钮 Cmd1～2 的 Click 事件代码下面已给出，请将程序中的"？"替换成正确的代码。

```
Private Sub Cmd1_Click()
    Label1.FontSize = ? - 6
    Cmd1.Enabled = False
    Cmd2.Enabled = ?
End Sub
Private Sub Cmd2_Click()
    Label1.FontSize = 18
    Cmd1.? = True
    Cmd2.Enabled = ?
End Sub
Private Sub Form_Load()
    Label1.AutoSize = ?
    Label1.Caption = "计算机等级考试"
    Label1.Font.Name = "楷体_gb2312"
    Label1.? = 18
    Cmd1.Enabled = True
    Cmd2.Enabled = False
End Sub
```

5. 新建一个工程，在窗体 Form1 上画两个文本框，名称分别为 T1，T2，初始情况下都没有内容且文本框 T1 中的内容以"*"显示。请编写适当的事件过程，使得在运行时，在 T1 中输入的任何字符，立即显示在 T2 中。程序运行后的界面如图 1-20 所示。

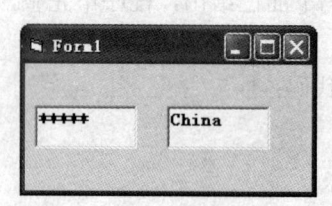

图 1-20　练习 5 图

窗体及控件的相关事件代码下面已给出，请将程序中的"？"替换成正确的代码。

```
Private Sub Form_?()
    T1.PasswordChar = "*"
    T1.Text = ""
    T2.Text = ?
End Sub
Private Sub T1_Change()
    T2.Text =?
End Sub
```

6. 如图 1-21（a）所示，新建一个工程，并按照下列要求进行操作：在名称为 Form1 的窗体上画一个文本框，名称为 Text1；再画一个命令按钮，标题为"移动"。请编写适当的事件过程，使得在运行时，单击"移动"按钮，则文本框水平移动到窗体的最左端，如图 1-21（b）所示。要求，程序中不得使用任何变量。

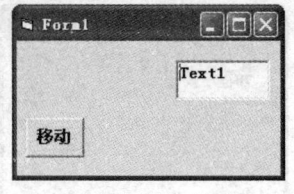

(a）运行初始时　　　　　　　　　　(b）单击了"移动"按钮

图 1-21　练习 6 图

"移动"命令按钮的 Click 事件代码下面已给出，请将程序中的"？"替换成正确的代码。
```
Private Sub Command1_Click()
    Text1.?= Form1.ScaleLeft
End Sub
```

7．如图 1-22 所示，将窗体 Form1 的标题属性设置为："改变文本框的前景与背景颜色"；窗体中包含一个命令按钮 Command1，其标题为"设置颜色"；一个文本框 Text。单击命令按钮将文本框的前景色设置为 RGB(255,0,0)，背景色设置为 RGB(0,255,0)。

"设置颜色"命令按钮的 Click 事件代码下面已给出，请将程序中的"？"替换成正确的代码。
```
Private Sub Command1_Click()
    Text1.ForeColor = RGB(255, 0, 0)
    Text1.? = RGB(0, ?, 0)
End Sub
```

8．在名称为 Form1 的窗体上画一个名称为 L1 的标签，标题为"请确认"；再画两个命令按钮，名称分别为 C1、C2，标题分别为"是"、"否"，高均为 300、宽均为 800，如图 1-23 所示。

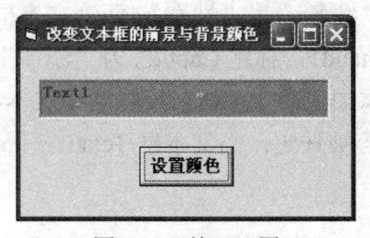

图 1-22　练习 7 图　　　　　　　　　　图 1-23　练习 8 图

请在属性窗口设置适当属性满足以下要求：

①窗体标题为"确认"，窗体标题栏上不显示最大化和最小化按钮；

②在任何情况下，按回车键都相当于单击"是"按钮；按 Esc 键都相当于单击"否"按钮。

9．在名称为 Form1 的窗体上画一个标签（名称为 Label1，标题为空白，BorderStyle 属性为 1，Visible 属性为 False）、一个文本框（名称为 Text1，Text 属性为空白）和一个命令按钮（名称为 Command1，标题为"显示"），如图 1-24（a）所示。然后编写命令按钮的 Click 事件过程。程序运行后，文本框中显示"VB 程序设计"，然后单击命令按钮，则文本框消失，并在标签内显示文本框中的内容，运行后的窗体如图 1-24（b）所示。要求程序中不得使用任何变量。

(a) 运行初始时　　　　　　　　　　(b) 单击了"显示"按钮

图 1-24　练习 9 图

窗体及控件的相关事件代码下面已给出，请将程序中的"？"替换成正确的代码。

```
Private Sub Command1_Click()
    Label1.Visible = True
    Text1.Visible = ?
    ?.Caption = Text1.Text
End Sub
Private Sub Form_Load()
    ? = "VB 程序设计"
End Sub
```

10. 新建一个工程，在名称为 Form1 的窗体上画一个文本框，其名称为 Text1，然后通过属性窗口设置窗体和文本框的属性，实现如下功能：

①在文本框中可以显示多行文本；
②在文本框中显示垂直滚动条；
③文本框中显示的初始信息为"姓名　　性别"；
④文本框中显示的字体为三号规则黑体；
⑤窗体的标题为"使用多行文本框"。

再画两个标签 Label~2，其 Caption 属性分别为"姓名："和"性别"；两个文本框 Text2~3，其 MaxLength 分别为 3 和 1；一个命令按钮 Command1，标题 Caption 为"添加"。程序运行时，在文本框 Text2 和 Text3 输入文本后，单击"添加"命令按钮，可将两个文本框中的文本依次显示在文本框 Text1 中，文本框 Text2 中的内容被选定；当文本框 Text3 获得焦点时，该框中的内容被清除。

程序运行后，其窗体界面如图 1-25 所示。

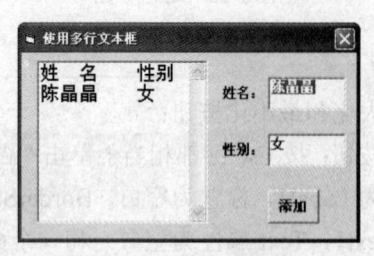

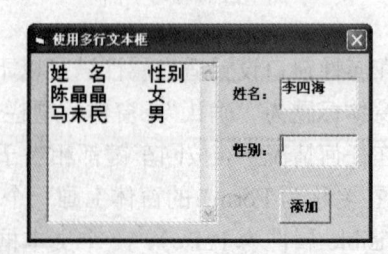

(a) 添加一行信息后　　　　　　　　(b) 文本框 Text3 获得焦点时

图 1-25　练习 10 图

窗体及控件的相关事件代码下面已给出，请将程序中的"？"替换成正确的代码。

```
Private Sub Command1_Click()
    Text1 = Text1 & vbCrLf
```

```
            Text1 = Text1 & Text2 & "    " & ?
            Text2.SetFocus
            Text2.SelStart = 0
            Text2.SelLength =?
        End Sub
        Private Sub Form_Load()
            Text1 = "姓   名       性别"
            Text2 = ""
            Text3 =?
        End Sub
        Private Sub Text3_?()
            Text3 = ""
        End Sub
```
要求：不编写任何代码。

11．如图 1-26 所示，在名称为 Form1 的窗体上画两个命令按钮，其名称分别为 Cmd1 和 Cmd2，编写适当的事件过程。程序运行后，如果单击命令按钮 Cmd1，则可使该按钮移动至窗体的左上角（只允许通过修改属性的方式实现）；如果单击命令按钮 Cmd2，则可使该按钮在长度和宽度上各扩大到原来的 2 倍。

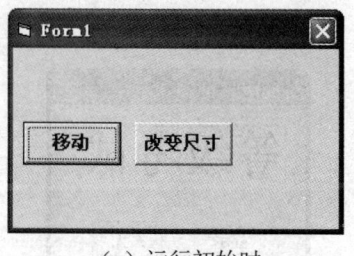

（a）运行初始时　　　　　　　　　　（b）单击了命令按钮后

图 1-26　练习 11 图

要求：不得使用任何变量。

"移动"和"改变尺寸"命令按钮的 Click 事件代码下面已给出，请将程序中的"？"替换成正确的代码。

```
        Private Sub Cmd1_Click()
            Cmd1.Left = 0
            Cmd1.? = 0
        End Sub
        Private Sub Cmd2_Click()
            Cmd2.Width = Cmd2.? * 2
            Cmd2.Height = ?
        End Sub
```

12．如图 1-27 所示，在名称为 Form1 的窗体上画两个标签（名称分别为 Label1 和 Label2，标题分别为"书名"和"作者"）、两个文本框（名称分别为 Text1 和 Text2，Text 属性均为空白）和一个命令按钮（名称为 Command1，标题为"显示"）。编写命令按钮的 Click 事件过程。程序运行后，在两个文本框中分别输入书名和作者，然后单击命令按钮，则在窗体的标题栏上先后显示两个文本框中的内容。

要求：程序中不得使用任何变量。

图 1-27　练习 12 图

"显示"命令按钮的 Click 事件代码下面已给出，请将程序中的"？"替换成正确的代码。

```
Private Sub Command1_Click()
    Form1.Caption = Form1.? & "，作者 " & Text2.Text
End Sub
```

13. 如图 1-28 所示，在名称为 Form1 的窗体上画一个文本框，其名称为 T1，宽度和高度分别为 1400 和 400；再画两个命令按钮，其名称分别为 Cmd1 和 Cmd2，标题分别为"显示"和"扩大"，编写适当的事件过程。程序运行后，如果单击"显示"命令按钮，则在文本框中显示"等级考试"，如图 1-28（a）所示；如果单击"扩大"命令按钮，则使文本框在高、宽方向上各增加一倍，文本框中的字体大小扩大到原来的 3 倍，如图 1-28（b）所示。

要求：程序中不得使用变量。

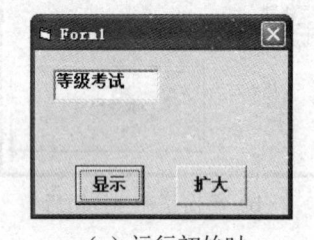

（a）运行初始时 　　　　　　　　　　（b）单击了命令按钮后

图 1-28　练习 13 图

"显示"和"扩大"命令按钮的 Click 事件代码下面已给出，请将程序中的"？"替换成正确的代码。

```
Private Sub Cmd1_Click()
    ? = "等级考试"
End Sub
Private Sub Cmd2_Click()
    T1.Height = 2 * Me.T1.Height
    T1.Width = ?
    ? = 3 * Form1.T1.FontSize
End Sub
```

14. 如图 1-29 所示，在名称为 Form1 的窗体上画两个文本框，名称分别为 Text1、Text2，再画两个命令按钮，名称分别为 Command1、Command2，标题分别为"复制"、"删除"。程序运行时，在 Text1 中输入一串字符，并用鼠标拖拽的方法选择几个字符，然后单击"复制"按钮，则被选中的字符被复制到 Text2 中。若单击"删除"按钮，则被选择的字符从 Text1 中删除。请编写两个命令按钮的 Click 过程完成上述功能。要求程序中不得使用变量，事件过程中只能写一条语句。

"复制"和"删除"命令按钮的 Click 事件代码下面已给出，请将程序中的"？"替换成正确的代码。

```
Private Sub Command1_Click()
    Text2 = ?.SelText
End Sub
Private Sub Command2_Click()
    Form1.Text1.? = ""
End Sub
```

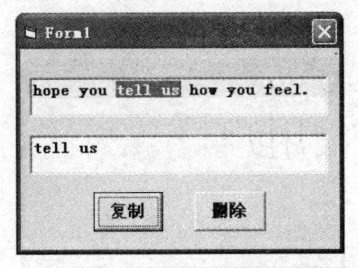

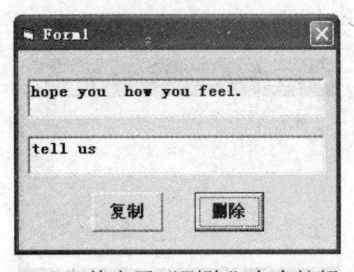

（a）单击了"复制"命令按钮　　　　　　（b）单击了"删除"命令按钮

图 1-29　练习 14 图

15．在窗体 Form1 上画一个标签，其名称为 Label1，在属性窗口中把 BorderStyle 属性设置为 1，如图 1-30（a）所示。编写适当的事件过程，程序运行后，如果单击窗体，则可使标签移到窗体的右上角，如图 1-30（b）所示。

（a）程序运行初始时　　　　　　　　　（b）单击了窗体后

图 1-30　练习 15 图

要求：不得使用任何变量，只允许在程序中修改适当属性来实现。

窗体 Form1 的 Click 事件代码下面已给出，请将程序中的"？"替换成正确的代码。

```
Private Sub Form_Click()
    Label1.Left = ? + Me.ScaleWidth
    Label1.? = 0
End Sub
```

16．如图 1-31 所示，编写窗体的相关事件代码，使得程序运行时，单击窗体，窗体以不同的字体大小（字体默认大小为 9 磅）。始终在水平方向（X 轴）350，垂直方向（Y 轴）200 处显示文字"用户"。注意：程序代码中不允许出现变量。

窗体 Form1 的相关事件代码下面已给出，请将程序中的"？"替换成正确的代码。

```
Private Sub Form_Activate()
    Me.FontSize = 9          '设置字体显示的默认大小
```

```
        CurrentX = 350
        ? = 200
        Print "用户"
End Sub
Private Sub Form_Click()
        Cls
        CurrentX = 350
        CurrentY = 200
        Me.FontSize =? + 4       '增加字号,你也可以设置具体数值
        Print "用户"
End Sub
```

（a）程序运行初始时　　　　　　　　　（b）多次单击窗体显示的文字

图 1-31　练习 16 图

17. 如图 1-32 所示，在窗体上有一个文本框 Text1 和一个命令按钮 Command1，运行时文本框中显示"Visual Basic 程序设计"，文本框要求具有多行和垂直滚动条，命令按钮标题为"结束"。文本框及命令按钮能随窗体大小的调整而自动调整大小及位置，其中调整文本框使其 Left=0，Top=0，宽度和高度都为窗体的一半；命令按钮始终位于窗体右下角。

图 1-32　练习 17 图

提示：

①用代码初始化各控件可写在 Form_Load 事件中；

②文本框控件随窗体的大小而调整大小的代码，以及调整命令按钮位置始终位于窗体右下角的代码写在 Form_Resize 事件中。

18. 如图 1-33 所示，窗体 Form1 的 Caption 属性为"加法器"，固定边框。在窗体从上往下依次添加三个文本框 Text1~3，三个文本框的对齐方式均为右对齐。要求如下：

①上面两个文本框用于输入加数，输入数时不接受非数字键；

②第三个文本框 Text3 用于显示和，它不能进行编辑操作；

③单击"="命令按钮 Command1，将两个加数的和显示在下面一个文本框中（可参考教材中的例 1-1）；

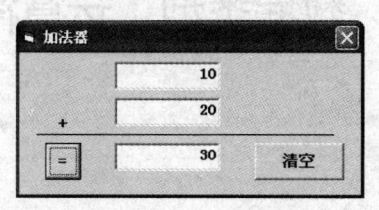

图 1-33 练习 18 图

④单击"清空"命令按钮 Command2，三个文本框内容都被清空，同时第一个文本框获得焦点。

第2章 数据类型、运算符和函数

一、实验目的

1. 掌握定义变量的数据类型、赋值、表达式和内部函数的应用。
2. 进一步了解窗体（Form）、命令按钮（CommandButton）、标签（Label）、文本框（TextBox）的使用方法。

二、实验指导

例 2-1 定义 8 个不同数据类型的变量 A、B、C、D、E、F、G、H，然后输出它们的值和类型。要求在程序运行时，单击窗体显示出题目，按下任意有效键则在题目下方显示结果，运行窗口如图 2-1 所示。

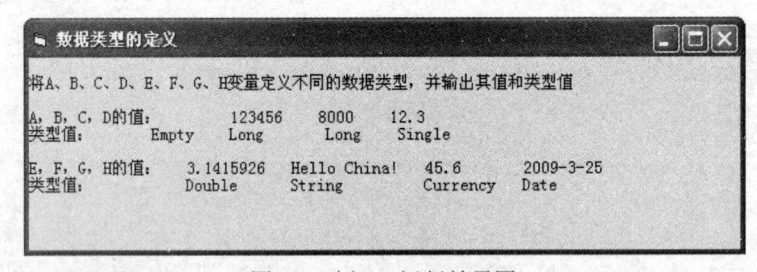

图 2-1 例 2-1 运行效果图

分析：本例主要考察读者的知识点有变量和常量的声明方法；窗体的 Load、Click 和 KeyPress 事件在使用时的区别；窗体 Print 方法的使用；TypeName 函数的使用等。

操作步骤如下：

① 启动 VB，创建一个"标准 EXE"类型的应用程序。

② 编写窗体的各个事件代码

- 窗体的 Load 事件代码

```
Private Sub Form_Load()    '设置窗体显示的标题和尺寸大小
    Me.Caption = "数据类型的定义"
    Me.Width = 8600
End Sub
```

- 窗体的 Click 事件代码

```
Private Sub Form_Click()    '单击窗体时，窗体上显示的内容
    FontSize = 10
    Print
    Print "将 A、B、C、D、E、F、G、H 变量定义不同的数据类型, " & "并输出其值和类型值"
End Sub
```

- 窗体按下键盘 KeyDown 的事件代码

```
Private Sub Form_KeyPress(KeyAscii As Integer)    '按下键盘时，窗体上显示的内容
```

```
Dim a As Variant       '变体型，无赋值，显式声明
b = 123456             '长整型，因值超过 32767，隐式声明
c = 8000&              'C 为长整型
d = 12.3!              '单精度
Const E = 3.1415926    '定义一个常数，自动为双精度，隐式声明
F = "Hello China!"
G = 45.6@              '货币型 显式声明
H = #3/25/2009#        '日期型，隐式声明
Print
Print "A，B，C，D 的值："; Spc(5); a; Spc(2); b; Spc(2); c; Spc(2); d
Print "类型值：", TypeName(a); Spc(5); TypeName(b); Spc(6); TypeName(c); _
Spc(3); TypeName(d)
Print
Print "E，F，G，H 的值："; Spc(2); E; Spc(2); F; Spc(2); G; Spc(6); H
Print "类型值：", Spc(5); TypeName(E), Spc(3); TypeName(F), Spc(4); _
TypeName(G), Spc(1); TypeName(H)
End Sub
```

例 2-2 如图 2-2 所示，新建一个工程。在窗体 Form1 上添加六个文本框 Text1～6；八个标签 Label1～8，其 Caption 属性分别为"数列："、"所占比例："、"10%"、"30%"、"40%"、"20%"、"平均值："和"标准方差："；两个命令按钮 Command1～2，其 Caption 属性分别为"产生"和"计算"。

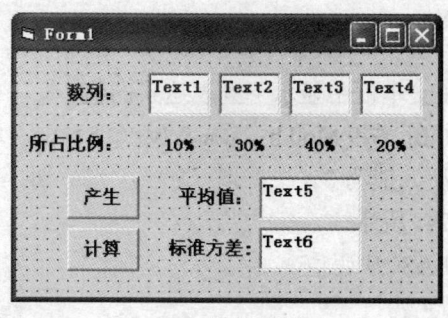

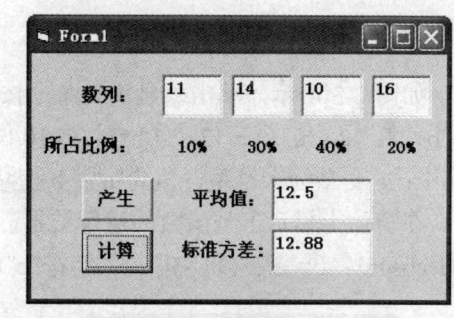

（a）设计界面　　　　　　　　　　（b）运行界面

图 2-2 例 2-2 程序设计和运行效果

程序运行后，单击"产生"命令按钮，则在文本框 Text1～4 中分别产生一个大于等于 10，但小于等于 20 的随机数，且每个数所占系数分别为 10、30、40、20。单击"计算"命令按钮，可计算出该数列的平均值和标准方差。

平均值和标准方差的公式如下：

平均值：$\bar{x} = x_1 \times f_1 + x_2 \times f_2 + \cdots + x_n \times f_n$

标准方差：$s = \sqrt{f_1 \times (x_1 - \bar{x})^2 + f_2 \times (x_2 - \bar{x})^2 + \cdots + f_n \times (x_n - \bar{x})^2}$

其中，x_n 和 f_n 分别为数列中的第 n 个数以及所占比例大小。

操作步骤如下：

① 启动 VB，创建一个"标准 EXE"类型的应用程序。

② 依照题目的要求，在窗体 Form1 上添加有关控件。

③编写窗体 Form1 及命令按钮 Command1～2 的有关事件程序代码。
- "产生"命令按钮的 Click 事件代码

```
Private Sub Command1_Click()
    Text1 = Int(11 * Rnd + 10)
    Text2 = Int(11 * Rnd + 10)
    Text3 = Int(11 * Rnd + 10)
    Text4 = Int(11 * Rnd + 10)
End Sub
```

- "计算"命令按钮的 Click 事件代码

```
Private Sub Command2_Click()
    Dim x As Single, s As Single
    x = 0.1 * Text1 + 0.3 * Text2 + 0.4 * Text3 + 0.2 * Text4
    Text5 = Round(x, 2)
    s = 0.1 * (Text1 - x) ^ 2 + 0.3 * (Text2 - x) ^ 2 + 0.4 * (Text3 - x) ^ 2 + 0.2 * (Text4 - -x) ^ 2
    Text6 = Format(Sqr(s), "0.00")
End Sub
```

- 窗体 Form1 的 Load 事件代码

```
Private Sub Form_Load()
    Randomize
    Text1 = "": Text2 = "": Text3 = "": Text4 = ""
End Sub
```

三、实验练习

1. 如图 2-3 所示,单击"显示"命令按钮,在文本框中显示下列表达式的值。
①b+23;②- b;③b-12;④b*b;⑤10/b;⑥10\b;⑦9 Mod b;⑧a & b;⑨a > b。
其中:a 变量为字符型,值为"a";b 变量为整型,值为 3。

2. 在窗体上显示下列函数的运行结果,如图 2-4 所示。
① cos45°;② e^3;③ |-5|;④ 字符"b"对应的 ASCII 码值。

图 2-3 练习 1 图   图 2-4 练习 2 图

3. 如图 2-5 所示,在窗体 Form1 上添加两个标签 Label1～2,其 Caption 属性分别为"华氏温度:"和"摄氏温度";两个命令按钮 Command1～2,其 Caption 属性分别为">"和"<";两个文本框,用于显示华氏和摄氏温度值。利用公式 $F=\dfrac{9}{5}\times C+32$ 编写一个华氏温度 F 与摄氏温度 C 之间转换的应用程序。

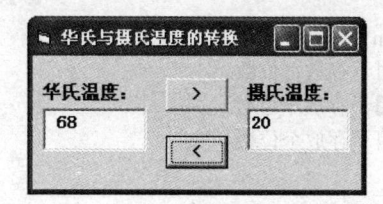

图 2-5 练习 3 图

"＞"（Command1）和"＜"（Command2）命令按钮的 Click 事件代码如下，程序不完整，请将程序中的"？"替换为正确的代码。

```
Private Sub Command1_Click()
    Dim f!, c!
    f = Val(Text1.Text)
    c = ?
    Text2 = Str(c)
End Sub
Private Sub Command2_Click()
    Dim f!, c!
    c = Val(Text2.Text)
    f = 9 / 5 * c + 32
    ?= Str(f)
End Sub
```

4．如图 2-6 所示，窗体上有以下控件：

①五个标签 Label1～5，其中标签 Label1 的 BorderStyle 属性为"1-FixedSingle"，AutoSize 属性为"True"；标签 Label5 的 Caption 属性为空，AutoSize 属性为"True"；其他属性可根据需要设置。

②三个文本框 Text1～3，程序运行初始时，内容为空。

③三个命令按钮 Command1～3，其 Caption 属性分别为"分离"、"交换"、"逆序数"。

图 2-6 练习 4 图

程序运行后，在标签 Label1 产生一个三位数；单击"分离"按钮，分离出该数的百位、十位和个位数，并分别用文本框显示出来；单击"交换"按钮，则交换百位数和个位数的位置；单击"逆序数"按钮，在标签 Label5 中以逆序的方式显示随机产生的数的逆序数。

窗体及三个命令按钮Command1～3的相关事件代码如下，程序不完整，请将程序中的"？"替换为正确的代码。

```
Private Sub Command1_Click()    '分离
    Dim a As Integer, b%, c%, n%
```

```
        n = Val(Label1.Caption)
        a = n \ 100          'a 用于存放百位数
        b = ?                'b 用于存放十位数
        c = n Mod 10         'c 用于存放个位数
        Text1 = a
        Text2 = b
        Text3 = c
End Sub
Private Sub Command2_Click()      '交换
        Dim n$, s1$, s2$, s3$
        n = Label1.Caption
        s1 = Left(n, 1)      's1 用于存放百位数
        s2 = ?(n, 2, 1)      's2 用于存放十位数
        s3 = ?               's3 用于存放个位数
        Label5 = "个位数和百位数交换后所形成的数是:" & s3 & s2 & s1
End Sub
Private Sub Command3_Click()      '逆序数
        '***读者在此处编写程序***
End Sub
Private Sub Form_Load()
        Randomize
        Text1 = ""
        Text2 = ""
        Text3 = ""
        Label1.Caption = ?
End Sub
```

5. 如图 2-7 所示,在窗体 Form1 上画两个文本框,其名称分别为 Text1、Text2,文本框内容分别设置为"等级考试"、"计算机"。然后画一个标签,其名称为 Lab1,高度为 375,宽度为 2000。再画两个命令按钮,名称分别为 Cmd1 和 Cmd2,标题分别为"交换"和"连接",编写适当的事件程序。程序运行后,"连接"命令按钮不可用,单击"交换"命令按钮,则 Text1 文本框中内容与 Text2 文本框中内容进行交换,并在标签处显示"交换成功",且"连接"命令按钮可用,"交换"命令按钮不可用;单击"连接"命令按钮,则把交换后的 Text1 和 Text2 的内容连接起来,并在标签处显示连接后的内容。

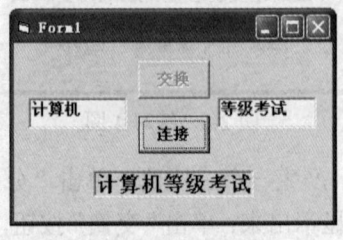

图 2-7 练习 5 图

窗体及两个命令按钮 Command1~2 的相关事件代码如下,程序不完整,请将程序中的"?"替换为正确的代码。

```
        Private Sub Command1_Click()
            Dim s1 As String, s2 As String
```

```
        s1 = Text1
        s2 = Text2
        ? = s2
        ? = s1
        Label1 = "交换成功！"
        Command1.Enabled = False
        Command2.Enabled =?
    End Sub
    Private Sub Command2_Click()
        Label1 = ?
    End Sub
    Private Sub Form_Load()
        Text1 = "等级考试"
        Text2 = "计算机"
        Command2.Enabled = False
    End Sub
```

6. 随机生成大小写字母，如图 2-8 所示。提示：生成随机大写字母的表达式为：Chr(Int(Rnd * 26) + 65)，生成随机小写字母的表达式是：Chr(Int(Rnd * 26) + 97)。

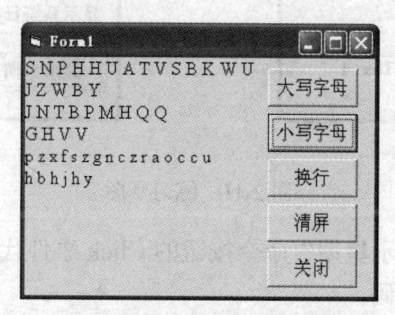

图 2-8　练习 6 图

7. 生成指定范围的随机整数，程序运行结果如图 2-9 所示。

提示：①生成指定范围随机整数的表达式为：Int(Rnd * (上界–下界+1) +下界)；

②在窗体的 Load 事件过程中调用 Randomize 函数，对随机数发生器进行初始化。

8. 建立如图 2-10 所示的应用程序。完成功能：在"起始位置"文本框中输入起始位置，"长度"文本框中输入截取长度，单击"确定"按钮后，截取上面文本框的内容放入下面的文本框中。

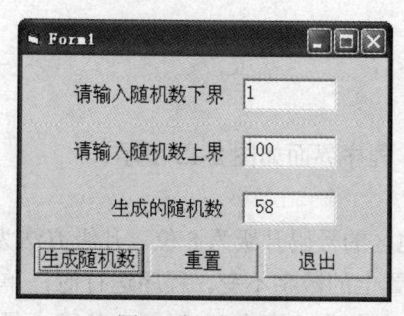

图 2-9　练习 7 图

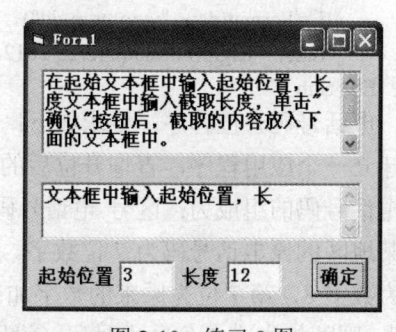

图 2-10　练习 8 图

代码提示：
```
Private Sub Command1_Click()
    Dim i As Integer, j As Integer
    i = Text3.Text
    j = Text4.Text
    Text1.SelStart = i
    Text1.SelLength = j
    Text2.Text = Text1.SelText
End Sub
```

9. 显示日期星期程序，要求如下：

①将计算机系统日期和星期显示在窗体上；

②单击"显示系统日期"按钮将系统日期显示出来，单击"显示星期"按钮，则显示当前日期是星期几，如图2-11所示。

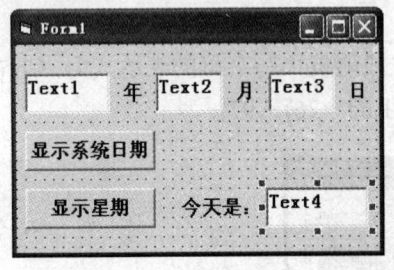

（a）设计界面 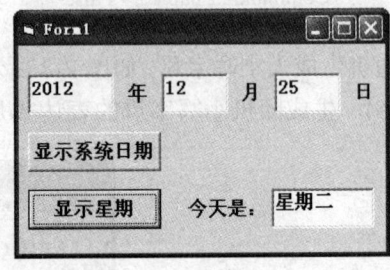　　　　（b）运行界面

图 2-11　练习 9 图

"显示系统日期"和"显示星期"命令按钮的 Click 事件代码如下，程序不完整，请将程序中的"？"替换为正确的代码。

```
Private Sub Command1_Click()  '显示系统日期
    Dim d As String
    d = Format(date, "yyyy-mm-dd")
    Text1 = Left(d, 4)
    Text2 = ?
    Text3 = ?
End Sub
Private Sub Command2_Click()  '显示星期
    Dim d As String
    d = Format(date, "yyyy-mm-dd")
    Text4 = Right(Format(#12/25/2012#, ?), 3)
End Sub
```

10. 电话号码升位程序，要求如下：

①建立一个应用程序，查询升位后的电话号码，程序界面如图 2-12 所示；

②电话号码的组成为：区号-电话号码；

③某地区的原电话号码为 7 位数字。现要将该地区的号码升级为 8 位。升级方法为：第 8 位数字为数字 8，第 7 位为原来的数字加 1，其他位置上的数字不变。程序运行时，单击"输入电话"，则随机生成 7 位区内号码（设区号为 028），单击"查询"，则将 7 位区内号码按要求升级为 8 位。

11. 我国有 13 亿人口，按人口年增长 0.8%计算，多少年后我国人口将超过 26 亿。提示：已知年增长率 r=0.8%，求人数超过 26 亿的年数 n 的公式为：

$$n = \frac{\log(2)}{\log(1+r)}$$

其中：$\log(x)$为对数函数。

12. 如图 2-13 所示，窗体上有两个命令按钮，第一个按钮显示"Word 字处理"、第二个按钮显示"VB6.0"，要求单击命令按钮，利用 Shell 函数执行对应的应用程序。

提示：

① "Word 字处理"按钮即对应打开 Word 软件的可执行文件"WinWord.exe"，可通过"开始"菜单的"查找"命令，找到该文件，单击鼠标右键在快捷菜单的"属性"选项中可显示文件的路径，通过复制、粘贴可将文件路径和文件名取到 Shell 函数中。

② "VB6.0"按钮即对应打开 Visual Basic 6.0 软件的可执行文件，可通过"开始"菜单的"程序"子菜单项，然后指向对应的菜单项，单击鼠标右键在快捷菜单的"属性"选项中可显示文件标识符，通过复制、粘贴可将文件标识符取到 Shell 函数中。

图 2-12　练习 10 图　　　　　　　　图 2-13　练习 11 图

第 3 章 程序的控制结构及应用

一、实验目的

1. 掌握顺序结构的程序设计思想。
2. 了解并掌握对话框函数 MessageBox() 的含义与用法。
3. 了解和熟悉线条控件、形状控件的画法以及主要属性的用法。
4. 掌握 Do 语句的各种形式的使用。
5. 掌握 For 语句的使用。
6. 掌握如何控制循环条件,防止死循环或不循环。

二、实验指导

例 3-1 设计一个如图 3-1(a)所示的用户登录界面,其运行效果是当未输入用户名时,将弹出一个对话框显示"必须输入用户名!",如图 3-1(b)所示;输入的口令为 8 位数字(假定为 12345678),实际口令不显示数字而是显示 8 个星号"*"。按下回车键(Enter)后,如果输入的口令不正确,则显示如图 3-1(c)所示的提示信息;否则,弹出"用户信息验证通过,登录成功!"界面,如图 3-1(d)所示,并关闭窗体的运行。

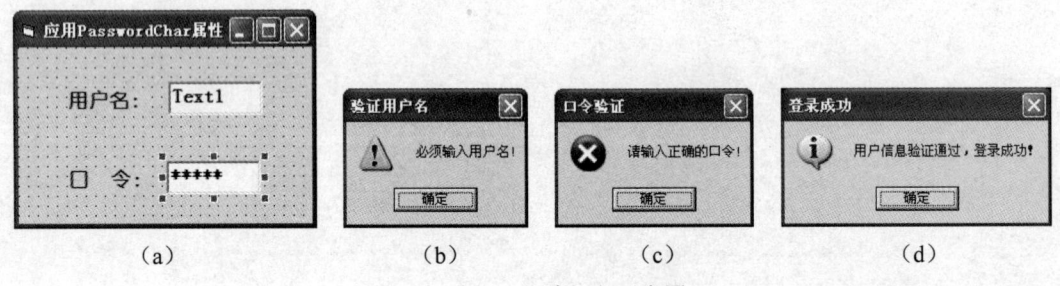

图 3-1 例 3-1 程序运行示意图

分析:本例考察的知识点有:文本框(TextBox)的 PasswordChar、MaxLength、SelStar、SelLength 等属性的正确使用,以及文本框(TextBox)的 LostFocus 和 KeyPress 事件的含义和编写。

设计步骤如下:

① 创建一个含有一个窗体的工程,然后在窗体上添加两个标签控件 Label1~2;两个文本框控件 Text1~2。

② 设置窗体标题为:应用 PasswordChar 属性;两个标签 Label1 和 Label2 的标题 Caption 分别为"用户名:"和"口令:"。

③ 设置文本框 Text2 的 PasswordChar 属性值为"*",MaxLength 属性为 8。

④ 分别为两个文本框 Text1 和 Text2 的有关事件编写代码。

- 文本框 Text1 的 LostFocus 事件代码
  ```
  Private Sub Text1_LostFocus()
      If Text1.Text = "" Then
          MsgBox "必须输入用户名!", 0 + 48, "验证用户名"
          Text1.SetFocus
      End If
  End Sub
  ```
- 文本框 Text2 的 KeyPress 事件代码
  ```
  Private Sub Text2_KeyPress(KeyAscii As Integer)
      If KeyAscii = 13 Then '用于判断是否按下了回车键
          If Text2.Text <> "12345678" Then
              MsgBox "请输入正确的口令!", 0 + 16, "口令验证"
              Text2.SelStart = 0
              Text2.SelLength = 8
          Else
              MsgBox "用户信息验证通过，登录成功！", 0 + 64, "登录成功"
              Unload Me
          End If
      End If
  End Sub
  ```

⑤保存并运行该窗体。

例 3-2 如图 3-2 所示，窗体的功能是根据输入的学生成绩，判断其成绩等级：100～90 分为优秀，89～80 分为良好，79～70 分为中等，69～60 分为及格，60 分以下为不及格。

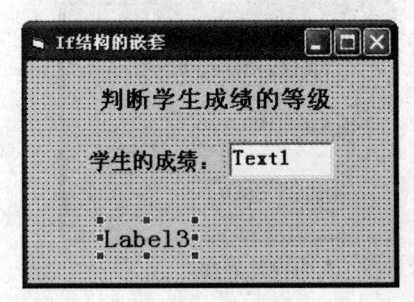

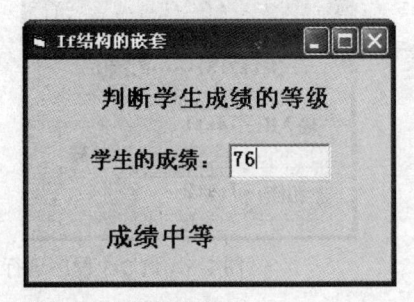

图 3-2 例 3-2 程序运行示意图（左为设计界面）

分析：判断学生成绩的等级有 5 个条件，属于多重判断，因此需要分支结构 If/End If 的嵌套，本例使用 Select/Case 语句。

设计步骤如下：

①新建一个工程，然后在窗体中添加三个标签控件 Lable1~3、一个文本框控件 Text1，标签 Label3 的 Caption 属性为空，其他各控件属性自定义即可。

②编写文本框 Text1 的相关事件代码。

- 文本框 Text1 的 Change 事件代码
  ```
  Private Sub Text1_Change()
      Dim cj As Single
      cj = Val(Text1.Text)
      If cj < 0 Or cj > 100 Then
          Text1.Text = ""
  ```

```
                Text1.SetFocus
        End If    '用于判断成绩值是否在 0~100 之间
End Sub
```

- 文本框 Text1 的 KeyPress 事件代码

```
Private Sub Text1_KeyPress(KeyAscii As Integer)
    Dim cj As Single
    cj = Val(Text1.Text)
    If KeyAscii = 13 Then
        Select Case cj
            Case Is >= 90
                Label3.Caption = "成绩优秀"
            Case Is >= 80
                Label3.Caption = "成绩良好"
            Case Is >= 70
                Label3.Caption = "成绩中等"
            Case Is >= 60
                Label3.Caption = "成绩及格"
            Case Else
                Label3.Caption = "成绩不及格"
        End Select
    End If
End Sub
```

例 3-3 输入一个 N 值，并求出 1+2+…+N 的和，如图 3-3 所示。

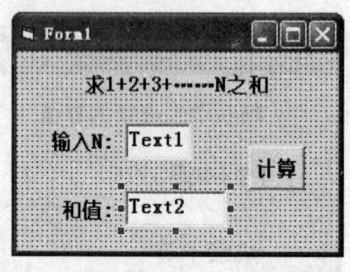

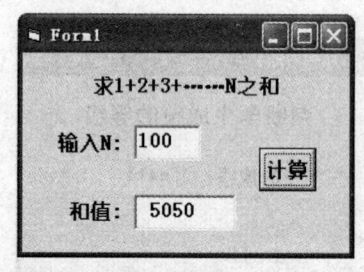

图 3-3 例 3-3 程序运行示意图（左为设计界面）

应用程序设计方法和步骤如下：

① 利用"文件"菜单中的"新建工程"命令，新建含有一个窗体的应用程序。

② 在窗体中添加三个标签控件 Label1~3，两个文本框控件 Text1~2 和一个命令按钮控件 Command1。设置好窗体及各控件的属性与布局，一般采用自定义即可。

③ "计算"命令按钮 Command1 的 Click 事件代码如下：

方法 1：无退出循环机制   方法 2：有退出循环机制

```
Private Sub Command1_Click()              Private Sub Command1_Click()
    Dim s As Long, n%, k%                     Dim s As Long, n%, k%
    n = Val(Text1.Text)                       n = Val(Text1.Text)
    k = 1                                     k = 1
    Do While k <= n                           Do While True
        s = s + k                                 s = s + k
        k = k + 1                                 k = k + 1
```

```
                Loop                                          If k > n Then Exit Do
            Text2.Text = Str(s)                           Loop
        End Sub                                       Text2.Text = Str(s)
                                                  End Sub
```

例 3-4 输入任意一个三位正整数，求该数以内的所有能同时满足用 3 除余 2、用 5 除余 3、用 7 除余 2 的整数，如图 3-4 所示。

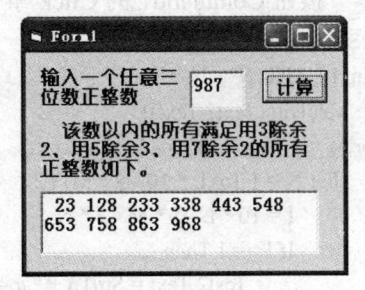

图 3-4　例 3-4 程序运行示意图（左为设计界面）

①利用"文件"菜单中的"新建工程"命令，新建含有一个窗体的应用程序。

②在窗体中添加两个标签控件 Label1～2，两个文本框控件 Text1～2 和一个命令按钮控件 Command1。文本框 Text2 的 Multiline 属性设置为 True，窗体及各控件的其他属性与布局一般采用自定义即可。

③"计算"命令按钮 Command1 的 Click 事件代码如下：

```
Private Sub Command1_Click()
    Dim x%, n%
    Text2.Text = ""
    x = Val(Text1.Text)
    For n = 1 To x
        If n Mod 3 = 2 And n Mod 5 = 3 And n Mod 7 = 2 Then
            Text2.Text = Text2.Text + Str(n)
        End If
    Next
End Sub
```

例 3-5 现把一元以上的钞票换成一角、两角、五角的毛票（每种至少一张），求每种换法各种毛票的张数，用户界面如图 3-5 所示。

分析：这是一个有关组合的问题，可以首先考虑五角的取法。设有 L 元的钞票，为保证每种毛票都有一张，五角的毛票可以取 1～L*10\5-1 张，若五角已取定为 M（M≥1）张，则两角可取 1～(L*10-5*M)\2 张，剩余的为一角的张数。

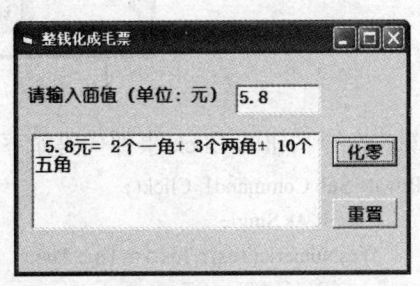

图 3-5　例 3-5 程序运行示意图（左为设计界面）

设计步骤如下：

①利用"文件"菜单中的"新建工程"命令，新建含有一个窗体的应用程序。

②在窗体中添加一个标签控件 Label1，两个文本框控件 Text1～2 和两个命令按钮控件 Command1～2。设置好窗体及各控件的属性与布局，一般采用自定义即可。

③添加相关的事件代码。

- "化零"按钮 Command1 的 Click 事件代码

```
Private Sub Command1_Click()
    Dim L!, M%, N%, I%
    L = Val(Trim(Text1.Text))
    For M = 1 To L * 10 \ 5 - 1
        For N = 1 To (L * 10 - 5 * M) \ 2
            I = 10 * L - 5 * M - 2 * N
            If I >= 1 Then
                Text2.Text = Str(L) + "元=" + Str(I) + "个一角+" _
                    + Str(N) + "个两角+" + Str(M) + "个五角"
            End If
        Next
    Next
End Sub
```

- "重置"按钮 Command2 的 Click 事件代码

```
Private Sub Command2_Click()
    Text1.Text = ""
    Text2.Text = ""
    Text1.SetFocus
End Sub
```

三、实验练习

1．设计一个简单开平方计算器，其设计界面如图 3-6 所示。程序运行后，先在文本框 Text1 中输入一个正整数，然后单击"计算"命令按钮。若文本框的内容不是数值则弹出消息框，关闭消息框后回到文本框，文本框同时被清空；若文本框的内容是数字字符则将它转换为数值类型赋给变量 R，然后计算 R 的平方根，并将计算结果显示在文本框 Text2 中（保留 4 位小数）。

图 3-6 练习 1 图

"计算"命令按钮的 Click 事件代码如下，请填空。

```
Private Sub Command1_Click()
    Dim R As Single
    If IsNumeric(Text1.Text) = True Then
        R = Val(Text1.Text)
```

```
              'Text2.Text =?        '结果保留 4 位小数
        Else
              MsgBox "文本框中输入的不是数字"
              '?                     '将焦点定位在文本框 Text1 中
              Text1 = ""
        End If
    End Sub
```

2．如图 3-7 所示，窗体上有两个标签 L1 和 L2，标题分别为"口令："和"允许次数："；一个命令按钮 C1，标题为"确定"；两个文本框名称分别为 Text1 和 Text2。其中 Text1 用来输入口令（输入时，显示"*"），无初始内容；Text2 的初始内容为 3。并给出了 C1 的事件过程，但不完整，要求去掉程序中的注释符，把程序中的？改为正确的内容，使得在运行时，在 Text1 中输入口令后，单击"确定"按钮，如果输入的是"123456"，则在 Text1 中显示"口令正确"；如果输入其他内容，单击"确定"按钮后，弹出错误提示对话框，并且 Text2 中的数字减 1。最多可输入 3 次口令，若 3 次都输入错误，则禁止再次输入。

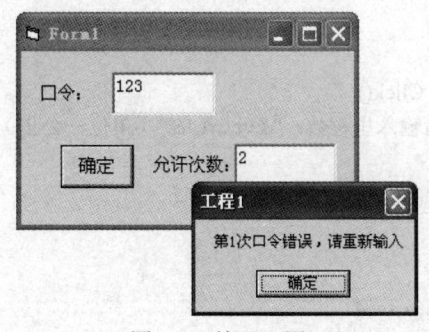

图 3-7　练习 2 图

"确定"命令按钮的 Click 事件代码如下，把程序中的？改为正确的内容。

```
    Private Sub C1_Click()
        If ? = "123456" Then
            Text1.Text = "口令正确"
            Text1.? = ""
        Else
            Text2.Text =Val(Text2.Text) - 1
            If Val(Text2.Text) > ? Then
                MsgBox "第" & (3 – Text2.Text) & "次口令错误，请重新输入"
            Else
                MsgBox "3 次输入错误，请退出"
                Text1.Enabled = ?
            End If
        End If
    End Sub
```

3．如图 3-8 所示有一窗体，其功能是：单击"输入"按钮，将弹出一个输入对话框，接收出租车行驶的里程数；单击"计算"按钮，则根据输入的里程数计算应付的出租车费，并将计算结果显示在名称为 Text1 的文本框内。

其中出租车费的计算公式是：出租车行驶不超过 4 公里时一律收费 10 元；超过 4 公里时

分段处理，具体处理方式为：15 公里以内每公里加收 1.2 元，15 公里以上每公里加收 1.8 元。

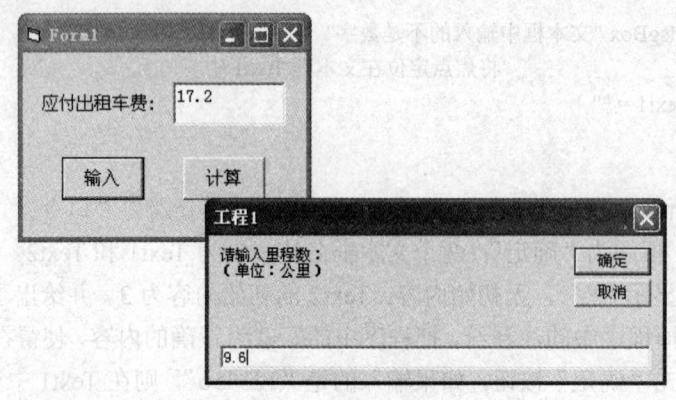

图 3-8　练习 3 图

下面给出了"输入"和"计算"命令按钮的 Click 事件过程代码，但程序不完整，请将程序中的？改为正确的内容。

```
Dim s As Integer
Private Sub Command1_Click()
    s = Val(InputBox("请输入里程数："&vbCrLf&"（单位：公里）"))
End Sub
Private Sub Command2_Click()
    If s > 0 Then
        Select Case    ?
            Case Is <= 4
                ?
            Case Is <= 15
                f = 10 + ?
            Case ?
                f = 10 + ? + (s - 15) * 1.8
        End Select
        Text1.Text = f
    Else
        MsgBox "请单击"输入"按钮输入里程数！"
    End If
End Sub
```

4．如图 3-9 所示，窗体上有三个标签 Label1～3，标题分别是"开始时间"、"结束时间"和"通话费用"；有三个文本框 Text1～3，初始值均为空；此外还有两个名称分别为 Cmd1 和 Cmd2 的命令按钮，标题分别是"通话开始"和"通话结束"。其中通过属性窗口将"通话结束"命令按钮的初始状态设置为禁用。该程序的功能是计算公用电话计时收费。计时收费标准为：通话时间在 3 分钟以内时，收费 0.5 元；3 分钟以上时，每超过 1 分钟加收 0.15 元，不足 1 分钟按 1 分钟计算。

程序执行的操作如下：

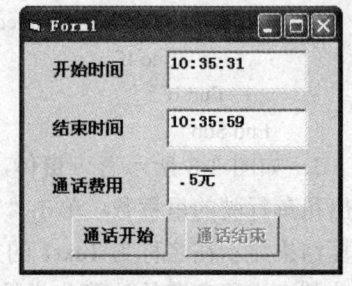

图 3-9　练习 4 图

①如果单击"通话开始"按钮，则在"开始时间"右侧的文本框中显示开始时间，且"通话结束"命令按钮变为可用状态，"通话开始"命令按钮不可用。

②如果单击"通话结束"按钮，则在"结束时间"右侧的文本框中显示结束时间，同时计算通话费用，并将其显示在"通话费用"右侧的文本框中，"通话开始"命令按钮变为可用状态，"通话结束"命令按钮不可用。

下面给出了"通话开始"和"通话结束"命令按钮的 Click 事件代码，但程序不完整，请把？改为正确的内容，以实现上述功能（注意：不得修改已经存在的内容和控件属性）。

```
Private Sub Cmd1_Click()
    ? = Str(Time())
    Text2.Text = "": Text3.Text = ""
    Cmd1.Enabled = False
    Cmd2.Enabled = True
End Sub
Private Sub Cmd2_Click()
    Text2.Text = Str(Time())
    t_start = Hour(Text1.Text) * 3600 + Minute(Text1.Text) * 60 + Second(Text1.Text)
    t_end = Hour(Text2.Text) * 3600 + Minute(Text2.Text) * 60 + Second(Text2.Text)
    t = t_end - t_start
    m = t \ 60
    If m < t / 60 Then m = m + 1
    s = 0.5
    If m - 3 > 0 Then
        s = ? + (m - 3) * 0.15
    End If
    Text3.Text = Str(s) + "元"
    ?= True
    ?= False
End Sub
```

5．如图 3-10 所示，在名称为 Form1 的窗体上画一个名称为 Text1 的文本框和一个名称为 C1、标题为"转换"的命令按钮，如图 3-10 所示。在程序运行时，单击"转换"按钮，可以把 Text1 中的大写字母转换为小写，把小写字母转换为大写。

窗体文件中已经给出了"转换"按钮（C1）的 Click 事件过程，但不完整，请把程序中的？改为正确的内容。

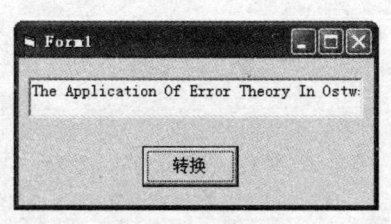

图 3-10　练习 5 图

```
Private Sub C1_Click()
    Dim a$, b$, k%, n%
    a$ = ""
    n% = Asc("a") - Asc( ? )
```

```
        For k% = 1 To Len(Text1.Text)
            b$ = Mid(Text1.Text, k%, 1)
            If b$ >= "a" And b$ <= "z" Then
                b$ = String(1, Asc(b$) - n%)
            Else
                If b$ >= "A" And b$ <= "Z" Then
                    b$ = String(1, Asc(b$) ? )
                End If
            End If
            a$ = a$ + b$
        Next k%
        Text1.Text = ?
    End Sub
```

6．如图 3-11 所示，应用程序在运行时，单击窗体则显示由"*"组成的图案。请把程序中的?改为正确的内容。注意，不能修改程序的其他部分和控件属性。

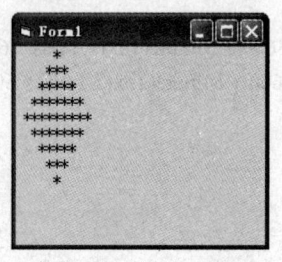

图 3-11　练习 6 图

窗体的 Click 事件代码如下：
```
    Private Sub Form_Click()
        For i = 1 To ?
            For j = 1 To 6 - i
                Print " ";
            Next j
            For j = 1 To ?
                Print "*";
            Next j
            Print
        Next i
        For i = 1 To 4
            For j = 1 To ?
                Print " ";
            Next j
            For j = 1 To ?
                Print "*";
            Next j
            Print
        Next i
    End Sub
```

7．如图 3-12 所示，窗体上有一个文本框，其名称为 Text1；另有一个命令按钮，其名称为 Command1、标题为"计算/输出"。程序运行后，如果单击命令按钮，则显示一个输入对话框，在该对话框中输入 n 的值，然后单击"确定"按钮，即可计算 1+(1+2)+(1+2+3)+…+(1+2+3+…+n)的值，并把结果在文本框中显示出来。

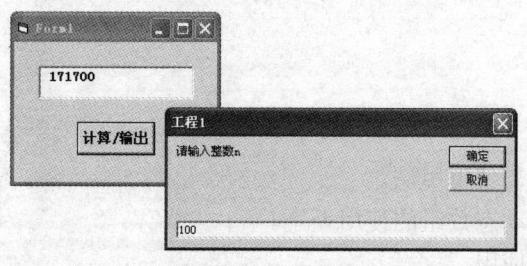

图 3-12　练习 7 图

8．如图 3-13 所示，窗体上有两个文本框，其名称分别为 Text1 和 Text2，其中 Text1 中的内容为"计算机等级考试"；另有一个命令按钮，其名称为 Command1，标题为"反向显示"。程序运行后，如果单击命令按钮，则在 Text2 中反向显示 Text1 中的文本内容。

图 3-13　练习 8 图

9．输出所有的"水仙花数"。所谓水仙花数是指一个三位数，其各位数字立方之和等于该数本身。例如，153 是水仙花数，因为 153=1^3+5^3+3^3，如图 3-14 所示。

10．编一程序，计算 100 以内的所有 7 或 5 的倍数和，并将这些数在文本框中以一个为一行显示，如图 3-15 所示。

图 3-14　练习 9 图

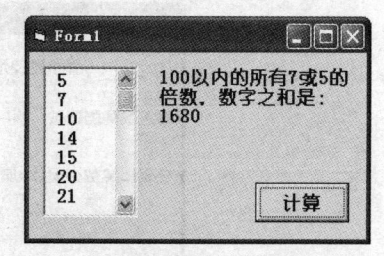

图 3-15　练习 10 图

第 4 章 数组及应用

一、实验目的

1. 掌握数组的声明与使用用法。
2. 掌握静态数组和动态数组的使用差别。
3. 掌握控件数组的应用。

二、实验指导

例 4-1 意大利数学家列昂纳多·斐波那契（Leonardo Fibonacci）在 13 世纪初写了一本名为《算盘书》的著作。书中最有趣的是下面这个题目：

如果一对兔子每月能生一对小兔子，而每对小兔在它出生后的第三个月，又能开始生一对小兔子，假定在不发生死亡的情况下，由一对初生的兔子开始，一年后能繁殖成多少对兔子？

斐波那契把推算得到的头几个数摆成一串：1，1，2，3，5，8⋯⋯。

于是，按照这个规律推算出来的数（以后各个月兔子的数目），构成了数学史上一个有名的数列。大家都叫它"斐波那契数列"，又称"兔子数列"。斐波那契（Fibonacci）数列来源于兔子问题，它有一个递推关系：

$$F(n) = \begin{cases} 1 & n = 0 \\ 1 & n = 1 \\ F(n-1) + F(n-2) & n \geq 2 \end{cases}$$

编程输出斐波那契数列，每行输出 4 个数，如图 4-1 所示。

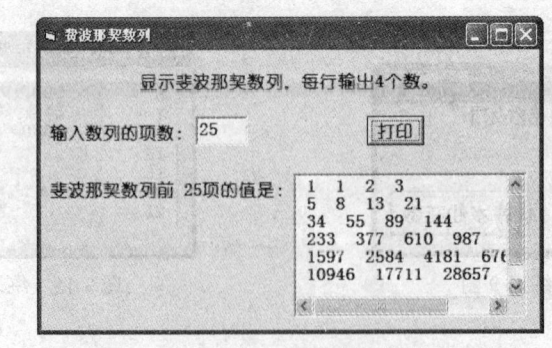

图 4-1 打印斐波那契数列

设计方法与步骤如下：

①利用"文件"菜单中的"新建工程"命令，新建含有一个窗体的应用程序。

②在窗体中添加三个标签控件 Label1～3，两个文本框控件 Text1～2 和一个命令按钮控件 Command1。设置好窗体及各控件的属性与布局，其中 Text2 的 MultiLine 属性设置为 True，

其他一般采用自定义即可。

③添加"打印"按钮 Command1 的 Click 事件代码如下：
```
Option Explicit
Option Base 1
Private Sub Command1_Click()
    Dim f(30) As Long, k%, n%
    Text2.Text = ""
    f(1) = 1
    f(2) = 1
    n = Val(Text1.Text)
    For k = 3 To n
        f(k) = f(k - 1) + f(k - 2)
    Next
    Label3.Caption = "斐波那契数列前" & Str(n) & "项的值是："
    For k = 1 To n
        Text2.Text = Text2.Text + Str(f(k)) & " "
        If k Mod 4 = 0 Then Text2.Text = Text2.Text + vbCrLf
    Next
End Sub
```

例 4-2 生成一个随机的 5 行 5 列的二维数组方阵，计算该数组方阵位于主对角线上方的所有元素之和与位于主对角线下方的所有元素之和，并计算二者的差，如图 4-2 所示。

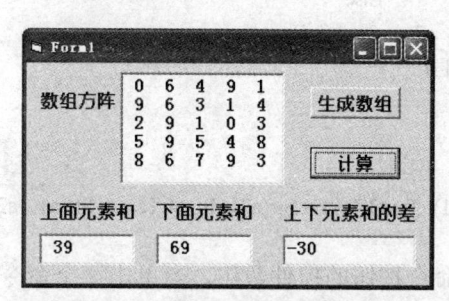

图 4-2　例 4-2 程序运行结果

设计方法与步骤如下：

①利用"文件"菜单中的"新建工程"命令，新建含有一个窗体的应用程序。

②在窗体中添加四个标签控件 Label1～4，四个文本框控件 Text1～4 和两个命令按钮控件 Command1～2。设置好窗体及各控件的属性与布局，其中 Text1 的 MultiLine 属性设置为 True，其他一般采用自定义即可。

③为命令按钮添加有关事件代码。

- 窗体 Form1 的 Activate 事件代码
```
Private Sub Form_Activate()
    Text1.Text = "":Text2.Text = "":Text3.Text = "":Text4.Text = ""
    Command1.SetFocus
End Sub
```

- "生成数组"按钮 Command1 的 Click 事件代码
```
Option Explicit
Option Base 1
```

```
Dim a(5, 5) As Integer
Private Sub Command1_Click()
    Dim i%, j%
    Text1.Text = ""
    For i = 1 To 5
        For j = 1 To 5
            a(i, j) = Int(Rnd() * 10)
            Text1.Text = Text1.Text + Str(a(i, j)) + " "
        Next
        Text1.Text = Text1.Text + vbCrLf
    Next
End Sub
```

- "计算"按钮 Command2 的 Click 事件代码

```
Private Sub Command2_Click()
    Dim i%, j%
    Dim a1!, a2!
    For i = 1 To 5
        For j = 1 To 5
            If i <> j Then
                If i < j Then
                    a1 = a1 + a(i, j)
                Else
                    a2 = a2 + a(i, j)
                End If
            End If
        Next
    Next
    Text2.Text = Str(a1): Text3.Text = Str(a2): Text4.Text = Str(a1 - a2)
End Sub
```

例 4-3 建立含有四个命令按钮的控件数组，当单击某个命令按钮时，依照对应按钮的数字改变文本框中字体的大小，如图 4-3 所示。

程序的实现过程如下：

①建立一个新的工程，在窗体上放置一个文本框 Text1。设置文本框 Text1 的 ScrollBars 属性为 1-Horizontal。

图 4-3 程序运行界面

②在窗体上放置一个命令按钮，然后用"复制"、"粘贴"的方法建立控件数组中其他三个命令按钮。

③双击任意一个命令按钮，打开代码编辑器，在 Click 事件过程中输入如下代码：

```
Private Sub Command1_Click(Index As Integer)
    Select Case Index '根据 Index 值来判断单击了哪个单选按钮
        Case 0
            Text1.FontSize = 12
        Case 1
            Text1.FontSize = 18
        Case 2
            Text1.FontSize = 24
        Case 3
            Text1.FontSize = 30
    End Select
End Sub
```

三、实验练习

1．单击窗体，窗体上显示随机产生的 10 个数值在 1～10 之间的整数，并求出平均值。每行显示 5 个整数，程序运行的界面如图 4-4 所示。

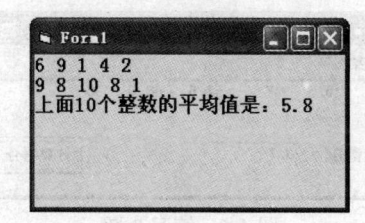

图 4-4　练习 1 图

窗体的 Click 事件代码不完整，请将？处补充完整，并使程序能正确运行。

```
Option Base ?
Private Sub Form_Click()
    Cls
    Dim k%, a%(10), avg!    'avg 表示平均值
    For k = 1 To 10
        a(k) = Int(Rnd * 10 + 1)
        avg = avg +?
        Print a(k) & Space(1);
        If k Mod 5 = 0 Then
            ?           '换行
        End If
    Next
    Print "上面 10 个整数的平均值是：" & avg / ?
End Sub

Private Sub Form_Load()
    Randomize
End Sub
```

2．使用动态数组，生成并输出斐波那契（Leonardo Fibonacci）数列的前 n 项，其中项数（n=20）通过键盘输入，并在屏幕上输出数列，每行输出 5 项。

程序运行后单击窗体，首先弹出如图 4-5（a）所示的对话框要求输入项数 n，输入项数"20"后，屏幕输出数列如图 4-5（b）所示。

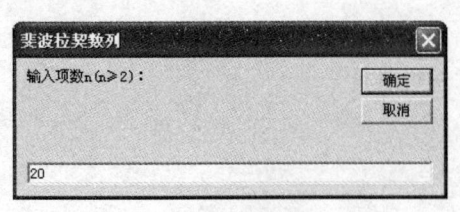

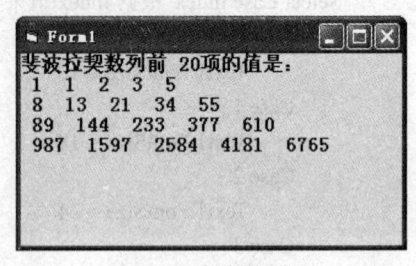

（a）输入项数　　　　　　　　　　（b）产生数列

图 4-5　练习 2 图

3．以下是一个比赛评分程序。在窗体上建立一个名为 Text1 的文本框数组，然后画一个名为 Text2 的文本框和一个名为 Command1 的命令按钮。运行时在文本框数组中输入 7 个分数，单击"计算得分"命令按钮，则最后得分（去掉一个最高分和一个最低分后的平均分即为最后得分）显示在 Text2 文本框中，如图 4-6 所示。

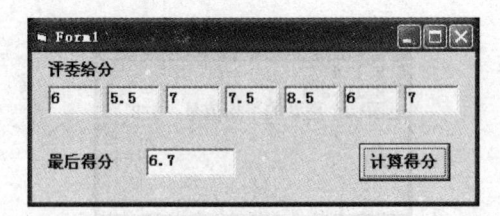

图 4-6　练习 3 图

下面是"计算得分"命令按钮 Command1 的 Click 事件代码，请将有？处补充完整。

```
Private Sub Command1_Click()
    Dim k As Integer
    Dim sum As Single, max As Single, min As Single
    sum = Text1(0)
    max = Text1(0)
    min = ?
    For k = ? To 6
        If max < Text1(k) Then
            max = Text1(k)
        End If
        If min > Text1(k) Then
            ? = Text1(k)
        End If
        sum = sum + Text1(k)
    Next k
    Text2 = (?) / 5
End Sub
```

4．如图 4-7 所示，程序运行后，单击窗体上的"计算并输出"命令按钮，程序将计算 500 以内两个数之间（包括开头和结尾的数）所有连续数的和为 1250 的正整数，并在窗体上显示出来。这样的数有多组，程序输出每组开头和结尾的正整数，并用"～"连接起来。

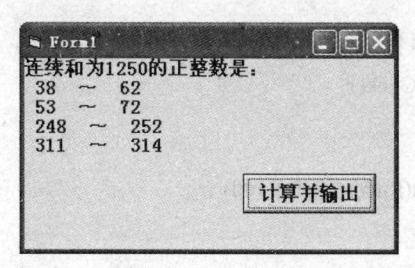

图 4-7 练习 4 图

下面是"计算并输出"命令按钮 Command1 的 Click 事件代码,请将有?处补充完整。

```
Private Sub Command1_Click( )
    Dim i As Integer, j As Integer, iSum As Integer
    Print "连续和为 1250 的正整数是:"
    For i = 1 To 500
        ? = 0
        For j = i To 500
            iSum = ?
            If iSum >= 1250 Then Exit For
        Next
        If iSum = ? Then
            Print i; " ~ "; j
        End If
    Next
End Sub
```

5. 如图 4-8(a)所示,窗体中有一个名称为 Text1 的文本框数组(10 个成员),下标从 0 开始。程序运行时,单击"产生随机数"按钮,就会产生 10 个三位数的随机数,并放入 Text1 数组中;单击"重排数据"按钮,将把 Text1 中的奇数移到前面,偶数移到后面,如图 4-8(b)所示。

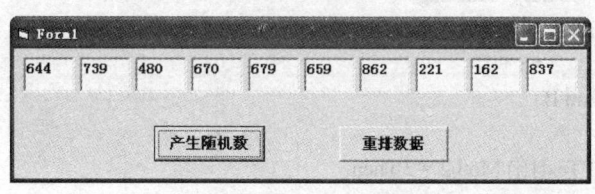

(a)"产生随机数"效果

(b)"重排数据"效果

图 4-8 练习 5 图

下面给出了所有控件事件和部分程序,程序不完整,请把程序中的?改为正确的内容,使其能正确运行,不能修改程序的其他部分和控件属性。

在"重排数据"按钮的事件过程中有对其算法的文字描述,请仔细阅读。

```
Private Sub Command1_Click()
    Randomize
    For k = 0 To 9
        Text1(k) = CInt(Rnd() * 899 + 100)
    Next
End Sub
Private Sub Command2_Click()
'=====================================================
'算法:
'1) 令 i 指向第一个数, j 指向最后一个数, 并先暂存最后一个数;
'2) 检查第 i 个数是否为偶数, 若不是, 再检查下一个, 直到第 i 个数是
'   偶数, 则把此偶数放到第 j 个位置, j 向前移 1 个位置;
'3) 检查第 j 个数是否为奇数, 若不是, 再检查前一个, 直到第 j 个数是
'   奇数, 则把此奇数放到第 i 个位置, i 向后移 1 个位置;
'4) 重复 2)、3), 直到 i=j
'5) 把开始暂存的数放到 i 的位置
'=====================================================
    Dim i%, j%, temp%, flag As Boolean
    i = 0
    j = ?
    ? = Text1(j)
    flag = True
    While (i < ?)
        If flag Then
            If Text1(i) Mod 2 = 0 Then
                Text1(j) = Text1(i)
                j = j - 1
                flag = Not flag
            Else
                i = i + 1
            End If
        Else
            If Text1(j) Mod 2 = ? Then
                Text1(i) = Text1(j)
                i = i + 1
                flag = Not flag
            Else
                j = j - 1
            End If
        End If
    Wend
    Text1(i) = temp
End Sub
```

6. 如图 4-9 所示,窗体上有两个标题分别是"产生数据"和"排序"的命令按钮。请画两个名称分别为 Text1 和 Text2,初始值为空,可显示多行文本,有垂直滚动条的文本框。程序功能如下:单击"产生数据"按钮,随机产生 50 个 100 以内的互不相等的整数,并将这 50

个数显示在 Text1 文本框中；单击"排序"按钮，将 50 个数按升序排列，并显示在 Text2 文本框中。

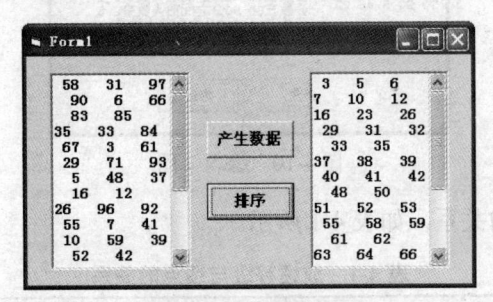

图 4-9　练习 6 图

"产生数据"和"排序"按钮的 Click 事件过程已经给出，但不完整，请将事件过程中的？改为正确的内容，以实现上述程序功能。

```
Option Base 1
Dim a(50) As Integer
Private Sub Command1_Click()
    Randomize
    For i = 1 To 50
        a(i) = Int(Rnd * 100)
        For k = 1 To ?
            If a(i) = a(k) Then
                ?
                Exit For
            End If
        Next k
    Next i
    For i = 1 To 50
        Text1.Text = Text1.Text + Str(a(i)) + Space(2)
    Next i
End Sub
Private Sub Command2_Click()
    For i = 1 To 49
        For j =  ?  To 50
            If a(i) > a(j) Then
                temp =   ?
                a(i) = a(j)
                ?  = temp
            End If
        Next j
    Next i
    For i = 1 To 50
        Text2.Text = Text2.Text + Str(a(i)) + Space(2)
    Next i
End Sub
```

7. 随机产生 20 个学生的计算机课程的成绩，统计各分数段人数。即 0~59、60~69、70~79、80~89、90~100，并显示结果。产生的数据在窗体显示，统计结果在图形框显示，如图 4-10 所示。

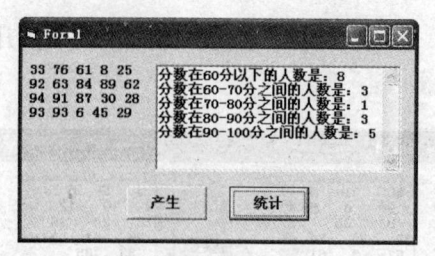

图4-10 练习7图

8. 成绩等级与绩点的关系，如表4-1所示。

表4-1 成绩等级与绩点的关系

等级	100～90	89～80	79～70	69～60	60以下
绩点	4	3	2	1	0

编一程序利用两个一维数组分别输入某学生的 5 门课程的学分、成绩，计算其平均绩点。例如，某学生的 5 门课程的学分、成绩分别如表4-2所示，求该学生的平均绩点，程序运行结果，如图4-11所示。

表4-2 各课程学分与成绩

学分	3	2	3	4	1
成绩	78	98	83	68	90

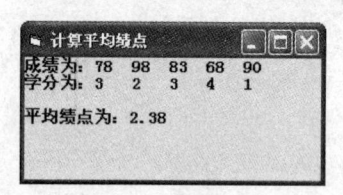

图4-11 练习8图

其中，计算学生的平均绩点公式如下：

$$平均绩点 = \frac{\sum 所学各课程学分 \times 成绩}{\sum 所学各课程学分}$$

9*. 如图4-12所示使用控件数组设计一个简易计算器，能实现算术运算和简单函数运算，并具有清除结果和退格键的功能。

图4-12 练习9图

提示：

① 使用一个文本框显示计算过程及结果，使用一个以命令按钮控件为元素的控件数组，并编写控件数组的 Click 事件。窗体及各控件的属性设置如表 4-3 所示。

表 4-3　窗体及各控件的属性设置

对象名	属性名	设置值
Form1	Caption	简易计算器
Text1	Text	----
Command1（0-9）	Caption	0-9
Command1（10-13）	Caption	+、-、×、÷
Command1（14）	Caption	.
Command1（15）	Caption	=
Command1（16）	Caption	退格
Command1（17）	Caption	C
Command1（18-24）	Caption	平方、Sqrt、Sin、Cos、Tan、Atn、Log

② 窗体及命令按钮的事件代码如下：

```
Dim x As Single, y As Single
Dim op As String
Private Sub Command1_Click(Index As Integer)
Select Case Index
    Case 0 To 9
        Text1.Text = Text1 & Command1(Index).Caption
    Case 14
        If InStr(Text1, ".") = 0 Then
            Text1.Text = Text1 & Command1(Index).Caption
        ElseIf Right(Text1, 1) = "." Then
            Text1.Text = Text1 & ""
        End If
    Case 10 To 13
        x = Val(Text1)
        If Index = 10 Then op = "+"
        If Index = 11 Then op = "-"
        If Index = 12 Then op = "*"
        If Index = 13 Then op = "/"
        Text1 = ""
    Case 15
        y = Val(Text1)
        'Text1 = ""
        If op = "+" Then Text1 = x + y
        If op = "-" Then Text1 = x - y
        If op = "*" Then Text1 = x * y
        If op = "/" Then
            If y <> 0 Then
                Text1 = x / y
```

```
                Else
                    Text1 = "除数不能为零"
                End If
            End If
        Case 16
            If Len(Text1) <> 0 Then
                Text1 = Left(Text1, Len(Text1) - 1)
            End If
        Case 17
            Text1 = ""
            x = 0: y = 0
        Case 18
            x = Val(Text1): Text1 = x * x
        Case 19
            x = Val(Text1)
            If x < 0 Then
                Text1 = "负数的平方根无意义"
            Else
                Text1 = Sqr(x)
            End If
        Case 20
            x = Val(Text1): Text1 = Sin(x * 3.1415926 / 180)
        Case 21
            x = Val(Text1): Text1 = Cos(x * 3.1415926 / 180)
        Case 22
            x = Val(Text1): Text1 = Tan(x * 3.1415926 / 180)
        Case 23
            x = Val(Text1): Text1 = Atn(x) * 180 / 3.1415926
        Case 24
            x = Val(Text1)
            If x <= 0 Then
                Text1 = "负数或零的对数无意义"
            Else
                Text1 = Log(x)
            End If
    End Select
End Sub

Private Sub Form_Load()
    Text1 = ""
    For i = 0 To 24
        Command1(i).BackColor = &HC0FFFF
    Next i
End Sub
```

第 5 章　常用标准控件

一、实验目的

1. 了解和熟悉直线（Line）控件、形状（Shape）控件和框架（Frame）控件的画法以及主要属性的用法。
2. 掌握水平（HScrollBar）和垂直（VScrollBar）滚动条控件的使用方法。
3. 掌握单选按钮（OptionButton）控件、复选框（CheckBox）控件的使用方法。
4. 掌握列表框（ListBox）、组合框（ComboBox）、计时器（Timer）和 ActiveX 控件的使用方法。

二、实验指导

例 5-1　如图 5-1 所示，设计一窗体，运行时用户能通过窗体上单选按钮组和复选框按钮来改变标签上文本的颜色和字形。

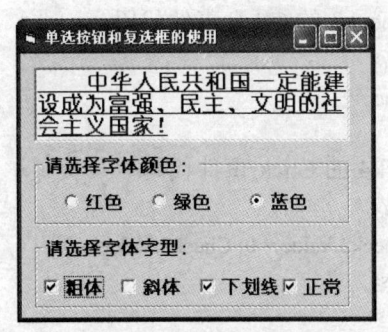

图 5-1　程序运行示意图

设计步骤如下：

①建立一个新的工程，将窗体的 Caption 属性设置为"单选按钮和复选框的使用"。在窗体上放置一个文本框控件 Text1，设置文本框 Text1 的 MultiLine 属性为 True。

②在窗体上放置一个框架控件 Frame1，然后在框架控件中放置三个单选按钮控件 Option1～3。其标题分别为"红色"、"绿色"和"蓝色"，调整好框架 Frame1 及框架内各控件的布局。

③另添加一个框架控件 Frame2，在该框架中添加四个复选框控件 Check1～4，其标题分别为"粗体"、"斜体"、"下划线"和"正常"，调整好框架 Frame2 及框架内各控件的布局。

④添加窗体、单选按钮和复选框控件相关的事件代码如下：

- 窗体 Form1 的 Load 事件代码

```
Private Sub Form_Load()
    Text1 = "    中华人民共和国一定能建设成为富强、民主、文明的社会主义国家!"
End Sub
```

- "红色"单选按钮 Option1 的 Click 事件代码
    ```
    Private Sub Option1_Click()
        Text1.ForeColor = RGB(255, 0, 0)
    End Sub
    ```
- "绿色"单选按钮 Option2 的 Click 事件代码
    ```
    Private Sub Option2_Click()
        Text1.ForeColor = RGB(0, 255, 0)
    End Sub
    ```
- "蓝色"单选按钮 Option3 的 Click 事件代码
    ```
    Private Sub Option3_Click()
        Text1.ForeColor = RGB(0, 0, 255)
    End Sub
    ```
- "粗体"复选框 Check1 的 Click 事件代码
    ```
    Private Sub Check1_Click()
    Text1.FontBold = True
    End Sub
    ```
- "斜体"复选框 Check2 的 Click 事件代码
    ```
    Private Sub Check2_Click()
    Text1.FontItalic = True
    End Sub
    ```
- "下划线"复选框 Check3 的 Click 事件代码
    ```
    Private Sub Check3_Click()
    Text1.FontUnderline = True
    End Sub
    ```
- "正常"复选框 Check4 的 Click 事件代码
    ```
    Private Sub Check4_Click()
        Check1.Value = 0: Check2.Value = 0: Check3.Value = 0
        Text1.FontBold = False
        Text1.FontItalic = False
        Text1.FontUnderline = False
    End Sub
    ```

例 5-2 设计一个如图 5-2 所示的日期确定程序。

图 5-2 程序运行示意图

设计步骤如下:

①建立一个新的工程,在窗体上放置九个标签控件 Label1~9,两个水平滚动条控件 HScroll1~2,一个垂直滚动条控件 VScroll1,一个命令按钮控件 Command1。

②窗体及主要控件属性设置值如表 5-1 所示。

表 5-1

对象	属性	属性值	说明
Form1	Caption	滚动条的使用	其他取默认值
Label1、Label3、Label5	Caption	无	
Label2、Label4、Label6～9	Caption	年份确定、月份确定、天数确定	
	Autosize	True	
HScroll1	Max/Min	2100/1900	
HScroll2	Max/Min	12/1	
VScroll1	Max/Min	31/1	
Command1	Caption	退出	

③为窗体和控件添加相关事件代码。

- "退出"命令按钮 Command1 的 Click 事件代码

```
Private Sub Command1_Click()
    End
End Sub
```

- 窗体 Form1 的 Load 事件代码

```
Private Sub Form_Load()
    Label1.Caption = HScroll1.Value
    Label3.Caption = HScroll2.Value
    Label5.Caption = VScroll1.Value
End Sub
```

- 水平滚动条 HScroll1 的 Change 事件代码

```
Private Sub HScroll1_Change()
    Label1.Caption = HScroll1.Value
End Sub
```

- 水平滚动条 HScroll2 的 Change 事件代码

```
Private Sub HScroll2_Change()
    Label3.Caption = HScroll2.Value
End Sub
```

- 垂直滚动条 VScroll2 的 Change 事件代码

```
Private Sub VScroll1_Change()
    Label5.Caption = VScroll1.Value
End Sub
```

例 5-3 设计一个如图 5-3 所示的应用程序，要求在程序窗体中放置三个命令按钮 Command1～3、一个图像框控件 Image1 和一个图片框控件 Picture1。程序运行时，单击"放大"或"减小"命令按钮时，放在图像控件中的图像可以放大或减小，同时在图片框中显示相对应的文字信息；单击"还原"命令按钮时，可还原图像尺寸。

设计步骤如下：

①建立一个新的工程，在窗体上放置三个命令按钮控件 Command1～3、左边一个图像框控件 Image1、右边一个图片框控件 Picture1，其中，图像 Image1 的 Stretch 属性设置为 True，

其他控件各属性一般根据需要采用自定义即可。

图 5-3　程序运行效果图

②编写相应的事件代码。
- 应用程序的"通用"声明

    Dim n As Integer '用于记录图片框中的输出项数
    Dim h&, w&

- 窗体 Form1 的 Load 事件代码

    Private Sub Form_Load()
        Image1.Picture = LoadPicture(App.Path & "\小女孩 3.jpg")
         'App.Path 用于确定工程所在路径
        n = 0 '赋初值
        h = Image1.Height
        w = Image1.Width
    End Sub

- "放大"命令按钮 Command1 的 Click 事件代码

    Private Sub Command1_Click()
        Image1.Width = Image1.Width * 1.15
        Image1.Height = Image1.Height * 1.15
        Picture1.Print "放大图片"
        n = n + 1
        If n = 10 Then Picture1.Cls: n = 0
    End Sub

- "减少"命令按钮 Command2 的 Click 事件代码

    Private Sub Command2_Click()
        Image1.Width = Image1.Width * 0.95
        Image1.Height = Image1.Height * 0.95
        Picture1.Print "减小图片"
        n = n + 1
        If n = 10 Then Picture1.Cls: n = 0
    End Sub

- "还原"命令按钮 Command3 的 Click 事件代码

    Private Sub Command3_Click()
        Image1.Height = h
        Image1.Width = w
        Picture1.Cls
    End Sub

例 5-4　设计一个如图 5-4 所示的标题移动窗体。程序运行开始，三个命令按钮的标题分别为"开始"、"暂停"和"停止"，"暂停"和"停止"按钮不可用。单击"开始"按钮，标签 Label1 的标题从左向右移动，当标题移动到窗体右侧时，自动地从右向左移动。同时，标题变为"继续"。单击"暂停"按钮，停止移动，同时该按钮变为不可用。单击"停止"按钮，标签 Label1 停止移动，"继续"变为"开始"，"暂停"和"停止"按钮不可用。

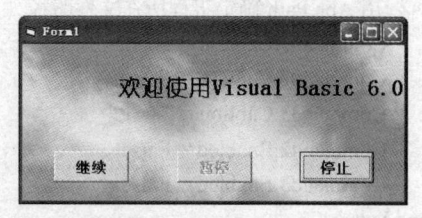

图 5-4　程序运行示意图（左为设计界面，右为运行界面）

设计步骤如下：

① 建立一个新的工程，在窗体上放置三个命令按钮控件 Command1~3、一个标签控件 Label1 和一个计时器控件 Timer1。

② 设置 Label1 的 BackStyle 属性为 0-Transparent（透明），Timer1 的 Interval 属性为 50，即每隔 0.05 秒触发一个 Timer 事件。其他控件各属性一般根据需要采用自定义即可。

③ 编写相应的事件代码。

- 应用程序的"通用"声明

    Dim x As Integer '

- "开始/继续"命令按钮 Command1 的 Click 事件代码

    Private Sub Command1_Click()
        x = 1
        If x = 1 Then
            Timer1.Enabled = True
            x = 0
            Command1.Caption = "继续"
            Command2.Enabled = True
            Command3.Enabled = True
        End If
    End Sub

- "暂停"命令按钮 Command2 的 Click 事件代码

    Private Sub Command2_Click()
        If x = 0 Then
            Timer1.Enabled = False
            Command2.Enabled = False
            x = 1
        End If
    End Sub

- "停止"命令按钮 Command3 的 Click 事件代码

    Private Sub Command3_Click()
        Timer1.Enabled = False
        Command1.Caption = "开始"

Command2.Enabled = False
Command3.Enabled = False
End Sub

- 窗体 Form1 的 Load 事件代码

```
Private Sub Form_Load()
    Form1.Picture = LoadPicture(App.Path & "\Clouds.bmp")
    '用 App.Path 确定工程所在文件路径
    Command1.Caption = "开始"
    Command2.Caption = "暂停"
    Command3.Caption = "停止"
    Command2.Enabled = False
    Command3.Enabled = False
End Sub
```

- 计时器 Timer1 的 Timer 事件代码

```
Private Sub Timer1_Timer()
    Dim L&
    L = Label1.Left
    If Label1.Left = Form1.Width Then
        Label1.Left = -L
    Else
        Label1.Left = Label1.Left + 50
    End If
End Sub
```

④运行窗体并观察效果。

例 5-5 设计一个学生基本信息的数据输入窗体，单击"提交"按钮后，将输入的内容显示在 ListBox 控件中，如图 5-5 所示。

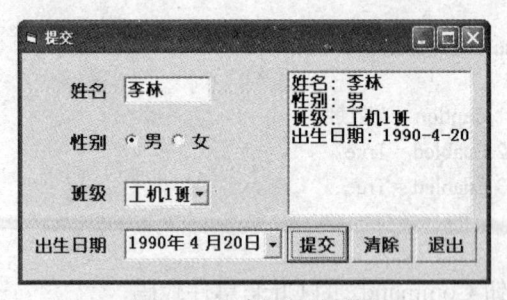

图 5-5 程序运行效果图

分析：为了保证数据输入的规范和减少用户的键盘输入量，使用单选按钮控件选择性别，使用 ComboBox 控件选择班级，使用 DateTimePicker 控件选择出生日期。

设计步骤如下：

①选择"文件"菜单中的"新建工程"命令，建立一个新工程（"标准 EXE"）。

②选择"工程"菜单中的"部件"命令，在出现的"部件"对话框中选择"Microsoft Windows Common Controls-2 6.0(sp6)"部件，将其添加到工具箱中。

③在窗体中添加四个标签控件 Label1～4、一个文本框控件 Text1、两个单选按钮控件 Option1～2、一个组合框控件 ComboBox1、一个列表框控件 List1 和一个日期采集器控件

DTPicker1。

④设置日期采集器控件 DTPicker1 的 Format 属性为 0-DtLongDate（即长日期格式），该控件的其他属性及其他各控件的属性采用默认值即可。

⑤添加有关事件代码。

- 应用程序的"通用"声明
  ```
  Option Explicit
  Dim  性别  As String
  ```
- "提交"命令按钮 Command1 的 Click 事件代码
  ```
  Private Sub Command1_Click()
      List1.AddItem ("姓名：" & Text1.Text)
      List1.AddItem ("性别：" &  性别)
      List1.AddItem ("班级：" & Combo1.Text)
      List1.AddItem ("出生日期：" & DTPicker1.Value)
  End Sub
  ```
- "清除"命令按钮 Command2 的 Click 事件代码
  ```
  Private Sub Command2_Click()
      Text1 = ""
      Combo1.Text = ""
      DTPicker1.Value = Now()
      List1.Clear
  End Sub
  ```
- "退出"命令按钮 Command3 的 Click 事件代码
  ```
  Private Sub Command3_Click()
      End
  End Sub
  ```
- "男"单选按钮 Option1 的 Click 事件代码
  ```
  Private Sub Option1_Click()
      If Option1.Value = True Then
          性别 = "男"
      End If
  End Sub
  ```
- "女"单选按钮 Option2 的 Click 事件代码
  ```
  Private Sub Option2_Click()
      If Option2.Value = True Then
          性别 = "女"
      End If
  End Sub
  ```

三、实验练习

1. 在名称为 Form1 的窗体上画一个名称为 Shape1 的形状控件，画两个名称分别为 Command1、Command2，标题分别为"圆形"、"红色边框"的命令按钮控件。将窗体的标题设置为"图形控件的使用"，如图 5-6（a）所示。请编写适当的事件过程，使得在运行时，单击"圆形"按钮，将形状控件设为圆形；单击"红色边框"按钮，将形状控件的边框颜色设为红色（&HFF&），如图 5-6（b）所示。

要求程序中不得使用变量，每个事件过程中只能写一条语句。

（a）设计界面 　　　　　　　　　　（b）运行界面

图 5-6　练习 1 图

2. 如图 5-7（a）所示，窗体上已有部分控件，请按照图中所示添加框架和单选按钮。要求：画两个框架，名称分别为 Frame1、Frame2，在 Frame1 中添加一个名为 Option1 的单选按钮数组，含两个单选按钮，标题分别为"古典音乐"、"流行音乐"，在 Frame2 中添加两个单选按钮，名称分别为 Option2、Option3，标题分别为"篮球"、"羽毛球"。

程序运行时，"古典音乐"和"篮球"单选按钮为选中状态。单击"选择"按钮，将把选中的单选按钮的标题显示在标签 Label2 中，如图 5-7（b）所示。如果"音乐"或"体育"复选框未被选中，相应的单选按钮不可选。

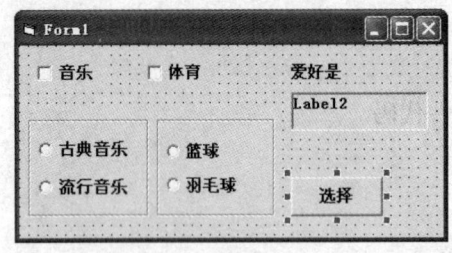

（a）设计界面 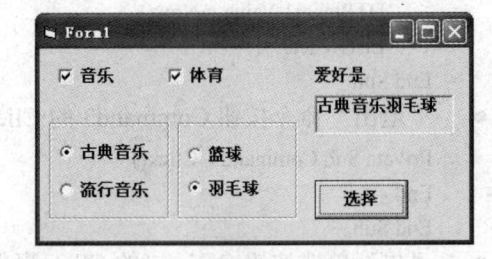　　　　　　　　　　（b）运行界面

图 5-7　练习 2 图

下面给出了窗体及控件的有关事件代码，请去掉程序中的？改为正确的内容，不能修改程序的其他部分和控件属性。

```
Private Sub Check1_Click()
    If Check1.Value = 1 Then
        Frame1.Enabled = True
    Else
        Frame1.Enabled = False
    End If
End Sub
Private Sub Check2_Click()
    If Check2.Value = 1 Then
        Frame2.Enabled = True
    Else
        Frame2.Enabled = False
    End If
End Sub
Private Sub Command1_Click()
```

```
        If Check1.Value = 1 Then
            'If ? = True Then
                s = "古典音乐"
            Else
                s = "流行音乐"
            End If
        End If
        If Check2.Value = 1 Then
            'If ? = True Then
                s = s & "篮球"
            Else
                s = s & "羽毛球"
            End If
        End If
        'Label2.Caption = ?
    End Sub
    Private Sub Form_Load()
        Check1.Value = 1
        Check2.Value = 1
    End Sub
```

3．如图 5-8 所示，窗体上有两个初始标题分别为"移动"和"退出"的命令按钮控件，一个初始状态为不可用的时钟控件 Timer1。请画一个标签控件 Label1，其标题为"计算机考试"，显示格式为黑体小四号字，左边界为 500，且能根据显示内容自动调整大小。

程序功能如下：

①单击标题为"移动"的按钮时，该按钮标题自动变换为"暂停"，且标签内容在窗体中开始向右移动；当移动到窗体右边时，标签移动方向改变为从右向左移动。

②单击标题为"暂停"的按钮时，该按钮标题自动变换为"移动"，并暂停标签内容的移动。

③单击"退出"按钮，则结束程序运行。

命令按钮的 Click 事件过程已经给出，但事件过程不完整，请将其中的注释符去掉，把？改为正确的内容，以实现上述程序功能（不得修改窗体文件中已经存在的控件和程序）。

图 5-8　练习 3 图

```
Dim flag As Integer
Private Sub Form_Load()
    flag = 0
End Sub
```

```
Private Sub Command1_Click()
    If Command1.Caption = "移动" Then
        Timer1.Enabled = ?
        Command1.Caption = "暂停"
    Else
        Timer1.Enabled = False
        Command1.Caption = "移动"
    End If
End Sub
Private Sub Command2_Click()
    End
End Sub
Private Sub Timer1_Timer()
    Select Case flag
        Case Is = 0
            Label1.Left = Label1.Left ?    100
            If Label1.Left + Label1.Width = Form1.Width Then flag = 1
        Case Is = 1
            Label1.Left = Label1.Left ?    100
            If Label1.Left = 0 Then flag = 0
    End Select
End Sub
```

4．如图 5-9 所示，窗体上有两个列表框，名称分别为 List1、List2，List2 中已经预设了内容；还有两个命令按钮，名称分别为 C1、C2，标题分别为"添加"、"清除"。程序的功能是：在运行时，如果选中右边列表框中的一个列表项，单击"添加"按钮，则把该项移到左边的列表框中；若选中左边列表框中的一个列表项，单击"清除"按钮，则把该项移回右边的列表框中。

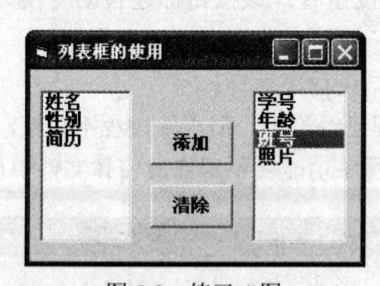

图 5-9　练习 4 图

窗体文件中已经给出了所有控件和程序，但程序不完整，请把程序中的？改为正确的内容。

```
Private Sub C1_Click()
    Dim k As Integer
    k = 0
    While (k < List2.?)
        If ?.Selected(k) = True Then
            List1.AddItem List2.Text
            List2.RemoveItem ?
        End If
        k = k + 1
```

```
            Wend
        End Sub
        Private Sub C2_Click()
            List2.AddItem List1.Text
            List1.RemoveItem List1.?
        End Sub
```

5．如图 5-10（a）所示，在窗体上有一个命令按钮，其名称为 Command1，标题为"移动"；有一个文本框，名称为 Text1，可以多行显示；此外还有一个列表框，其名称为 List1。程序运行后，会在列表框中显示几行文字，如果单击命令按钮，则把列表框中的文字移到文本框中，如图 5-10（b）所示。

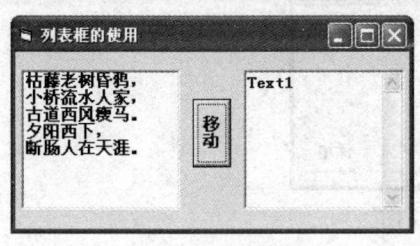

（a）设计界面　　　　　　　　　（b）运行界面

图 5-10　练习 5 图

6．如图 5-11 所示，在 Text1 文本框中输入一个任意的字符串（要求串的长度≥10），然后选择组合框中的三个截取运算选项之一。单击"计算"按钮，将截取运算后的结果显示在 Text2 文本框中。

图 5-11　练习 6 图

窗体文件中的程序已经在下面给出，但不完整，请把程序中的？改为正确的内容。

```
        Dim is_num As Boolean
        Private Sub Command1_Click()
            Dim tmpStr As String * 50
            Select Case ?
                Case 0
                    tmpStr = Left(Trim(Text1.Text), 5)
                Case 1
                    tmpStr = Right(Trim(Text1.Text), 3)
                Case 2
                    tmpStr = Mid(Trim(Text1.Text), ?)
            End Select
            Text2.Text = ?
```

End Sub
Private Sub Form_Load()
　　Text1 = "病毒与黑客技术的高速发展，使得 QQ、E-Mail、网上银行等各种密码被盗。"
　　Combo1.AddItem "左面取 5 个字符" : Combo1.AddItem "右面取 3 个字符"
　　Combo1.AddItem "中间取 4 个字符" : Combo1 = "请选择"
End Sub

7. 如图 5-12 所示，窗体上有一个组合框 Combo1，其中已经预设了内容；还有一个文本框 Text1 和三个命令按钮，名称分别为 Command1、Command2、Command3，标题分别为"修改"、"确定"、"添加"。程序运行时，"确定"按钮不可用。

图 5-12　练习 7 图

程序的功能是：在运行时，如果选中组合框中的一个列表框，单击"修改"按钮，则把该项复制到 Text1 中（可在 Text1 中修改），并使"确定"按钮可用；若单击"确定"按钮，则用修改后的 Text1 中的内容替换组合框中该列表项的原有内容，同时使"确定"按钮不可用；若单击"添加"按钮，则把 Text1 中的内容添加到组合框中。

8. 如图 5-13 所示，窗体中有两个滚动条，分别表示红灯亮和绿灯亮的时间（秒），移动滚动框可以调节时间，调节范围为 1-10 秒。刚运行时，红灯亮。单击"开始"按钮则开始切换：红灯到 10 秒后自动变为黄灯，1 秒后变为绿灯；绿灯到 10 秒后自动变为黄灯，1 秒后变为红灯，如此切换。

图 5-13　练习 8 图

所提供的窗体文件已经给出了所有控件和程序，但程序不完整，请去掉程序中的注释符，把程序中的 ? 改为正确的内容。

提示：在三个图片框 Picture1、Picture2、Picture3 中分别放置了红灯亮、绿灯亮、黄灯亮的图标，并重叠在一起，当要使某个灯亮时，就使相应的图片框可见，而其他图片框不可见，并保持规定的时间，时间到就切换为另一个图片框可见，其他图片框不可见。

```
　　　　Dim red, green
　　　　Private Sub Command1_Click()
　　　　　　? = HScroll1.Value
　　　　　　green = HScroll2.Value
```

```
        Timer1.Enabled = ?
    End Sub
    Private Sub Timer1_Timer()
        If Picture1.Visible Then
            red = red - 1
            If red = 0 Then
                ?.Visible = False
                Picture3.Visible = True
            End If
        ElseIf Picture3.Visible Then
            Picture3.Visible = False
            If red = 0 Then
                Picture2.Visible = True
                red = HScroll1.Value
            Else
                Picture1.Visible = True
                green = HScroll2.Value
            End If
        ElseIf Picture2.Visible Then
            green = ?
            If green = 0 Then
                Picture2.Visible = False
                Picture3.Visible = True
            End If
        End If
    End Sub
```

9. 如图 5-14 所示，在窗体上有一个名称为 Driver1 的驱动器列表框，一个名称为 Dir1 的目录列表框，一个名称为 File1 的文件列表框，一个名称为 Label1 的标签，目录列表框与文件列表框同步变化，并且在文本框 Text1 中显示当前文件夹中文件的数量。

图 5-14　练习 9 图

下面是窗体及有关控件的事件代码，程序不完整，请将程序中的？改成正确的程序。

```
    Private Sub Form_Load() '初始化
        Text1.Text = File1.ListCount
    End Sub
    Private Sub Dir1_Change() '当改变分区时
        File1.Path = ?
        Text1.Text = File1.ListCount '统计文件数
```

End Sub
Private Sub Dir1_Click() '当单击文件夹时
　　? = Dir1.Path '将文件与文件夹关联
　　Text1.Text = File1.ListCount
End Sub
Private Sub Driver1_Change() '当文件夹变化时
　　Dir1.Path = Driver1.Drive '将文件夹与分区关联
　　Text1.Text = File1.ListCount
End Sub

10. 如图 5-15（a）所示，窗体中的横线（横坐标）的名称为 Line1，竖线（纵坐标）的名称为 Line2；五个不同颜色的矩形是一个形状控件数组，名称为 Shape1，它们的 Visible 属性都为 False；从左到右两个按钮的名称分别为 Command1、Command2；另有一个有五个元素的标签数组，名称为 Label1，其所有元素的 Visible 属性都为 False。程序运行时，单击"输入五个数据"按钮，可输入五个整数（最好在 100～2000 之间），并作为刻度值显示在纵坐标的左面；单击"直方图"按钮，则按五个数分别的输入顺序显示直方图。例如：若输入的五个数分别是 1200、500、850、1950、1500，则结果如图 5-15（b）所示。

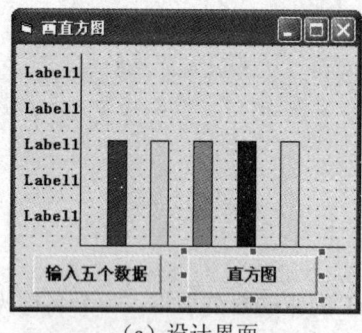

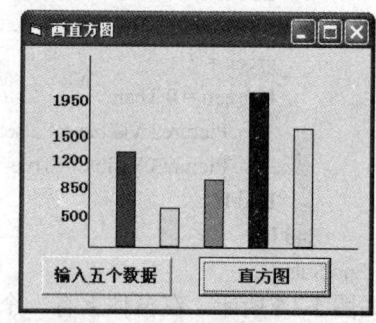

（a）设计界面　　　　　　　（b）运行界面

图 5-15　练习 10 图

下面给出了"输入五个数据"和"直方图"两个命令按钮的 Click 事件代码，但程序不完整，请把程序中的？改为正确的内容。

```
Dim s(5) As Integer
Private Sub Command1_Click()
    For k = ? To 5
        s(k) = Val(InputBox("input"))
        Label1(k - 1).Caption = s(k)
        Label1(k - 1).Move Line2.X1 - Label1(k - 1).Width, Line1.Y1 - s(k)
        Label1(k - 1).Visible = ?
    Next k
End Sub
Private Sub Command2_Click()
    Dim a As Integer
    For k = 1 To 5
        Shape1(k - 1).Height = s( ? )
        ? = Line1.Y1
        Shape1(k - 1).Top = a - Shape1(k - 1).Height
        Shape1(k - 1).Visible = True
```

Next k
End Sub

11. 如图 5-16 所示，该程序将在上面的文本框中输入的英文字母串（称为"明文"）加密，加密结果（称为"密文"）显示在下面的文本框中。加密的方法为：选中一个单选按钮，单击"加密"按钮后，根据选中的单选按钮后面的数字 n，将"明文"中的每个字母改为它后面的第 n 个字母（"z"后面的字母认为是"a"，"Z"后面的字母认为是"A"）。

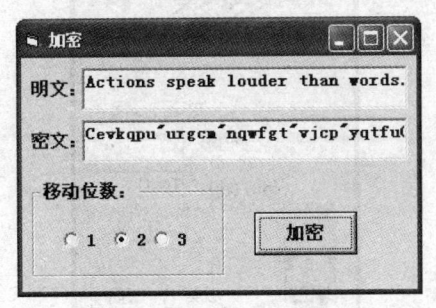

图 5-16 练习 11 图

下面给出了窗体所有控件和程序，但程序不完整，请把程序中的？改为正确的内容（注意：不得修改程序中的其他部分和控件的属性）。

```
Private Sub Command1_Click()
    Dim n As Integer, k As Integer, m As Integer
    Dim c As String, a As String
    For k = 0 To 2
        If Op1(k).Value Then
            n = Val(Op1(k). ? )
        End If
    Next k
    m = Len(Text1.Text)
    a = ""
    For k = 1 To ?
        c = Mid$(Text1.Text, ? , 1)
        c = String(1, Asc(c) + n)
        If c > "z" Or c > "Z" And c < "a" Then
            c = String(1, Asc(c) - 26)
        End If
        ? = a + c
    Next k
    Text2.Text = a
End Sub
Private Sub Form_Load()
    Text1 = "Actions speak louder than words."
End Sub
```

12. 如图 5-17 所示。窗体上有两个图像框控件 Image1~2，一个计时器控件 Timer1，两个标签控件 Label1~2 和两个文本框控件 Text1~2。运行时，单击"发射"按钮，航天飞机图标将向上运动，速度逐渐加快，全部进入云中后则停止，并把飞行距离（用坐标值表示）、所用时间（单位为秒）分别显示在文本框 Text1 和 Text2 中。

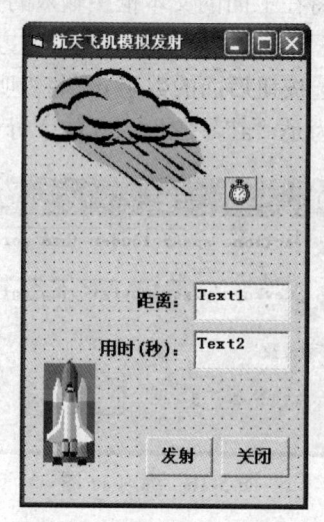

图 5-17 练习 12 图

下面给出了窗体所有控件和程序，但程序不完整，请把程序中的？改为正确的内容（注意：不得修改程序中的其他部分和控件的属性）。

```
Dim a, t, d  'a,t,d 分别表示加速度、用时和距离
Private Sub Command1_Click()
    Timer1.? = True
    d = Image1.Top
End Sub
Private Sub Command2_Click()
    End
End Sub
Private Sub Form_Load()
    Image1.Picture = _
        LoadPicture("C:\Program Files\Microsoft Office\MEDIA\CAGCAT10\j0215086.wmf")
    Image2.Picture = _
        LoadPicture("C:\Program Files\Microsoft Office\MEDIA\CAGCAT10\j0293828.wmf")
    a = 1
    t = 0
End Sub
Private Sub Timer1_Timer()
    Image1.Top = Image1.Top - a * 2
    If Image1.Top + Image1.Height <= Image2.Top + Image2.Height - 300 Then
        ?= False
        d = ? - Image1.Top
        Text1 = d
        Text2 = t * Timer1.Interval / 1000
    End If
    a = a + 0.1
    t = ?
End Sub
```

13. 如图 5-18 所示，窗体上有一个图片框控件 Picture1，一个标签控件 Label1，一个文本框控件 Text1 和一个命令按钮控件 Command1。在文本框 Text1 中，输入要打印的行数，单击"打印"按钮，可在图片框 Picture1 中打印相应行由"*"号组成的三角形。

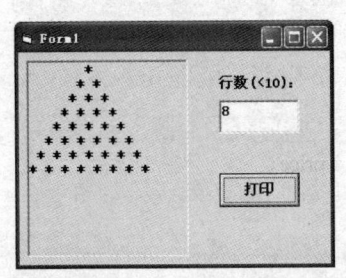

图 5-18　练习 13 图

下面给出了窗体所有控件和程序，但程序不完整，请把程序中的？改为正确的内容（注意：不得修改程序中的其他部分和控件的属性）。

```
Private Sub Command1_Click()
    Dim n%, i%, k%
    ?
    Picture1.Cls
    For i = 1 To n
        Picture1.Print Space(n - i);
        For k = 1 To ?
            Picture1.Print "* ";
        Next
        ?
    Next
End Sub
```

14. 有如图 5-19 所示的窗体和控件，程序运行时，在 Text1 中输入一个商品名称，在 Text2 中输入一个数量，单击"计算"按钮，则会在列表框中找到该商品的单价，乘以数量后显示在 Text3 中。若输入的商品名称是错误的，则在 Text3 中显示"无此商品"。

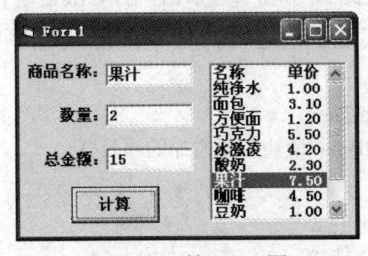

图 5-19　练习 14 图

下面给出了"计算"命令按钮的 Click 事件代码，请把程序中的？改为正确的内容。

```
Private Sub Command1_Click()
    Dim flag As Boolean, name As String
    flag = False           '表示列表框中是否有指定的商品名称
    'For k = ? To List1.ListCount - 1
        n% = InStr(List1.List(k), " ")        '" "中是一个空格
        name = Left(List1.List(k), ?)
```

```
                If RTrim(Text1) = name Then
                    List1.Selected(k) = ?
                    price = Val(Right( ? ))
                    flag = True
                    Exit For
                End If
            Next k
            If flag = True Then
                Text3 = Val(Text2) * price
            Else
                Text3 = ?
            End If
        End Sub
```

15. 新建一个工程，在窗体 Form1 上画两个单选按钮控件（名称分别为 Option1 和 Option2，标题分别为"添加"和"删除"），一个列表框控件（名称为 List1）和一个文本框控件（名称为 Text1），如图 5-20 所示。编写窗体的 Click 事件过程。程序运行后，如果选择"添加"单击按钮，然后单击窗体，则从键盘上输入要添加的项目（内容任意，不少于三个），并添加到列表框中；如果选择"删除"单选按钮，然后单击窗体，则从键盘上输入要删除的项目，将其从列表框中删除。程序的运行情况如图 5-20 所示。

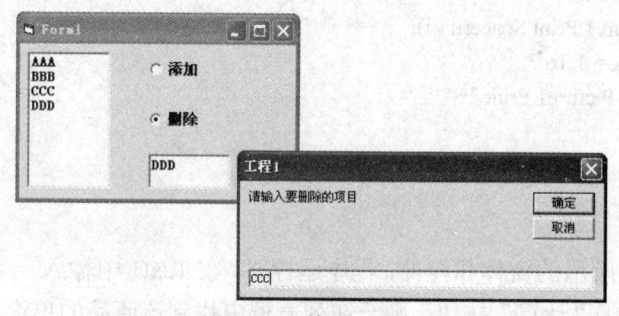

图 5-20　练习 15 图

为实现上述功能，下面已经给出了窗体 Form1 的 Click 事件代码，但程序不完整，请将程序中的 ? 改为适当的内容，使其能正确运行，但不能修改程序中的其他部分。

```
        Private Sub Form_Click()
            If Option1.Value = True Then
                Text1.Text = InputBox("请输入要添加的项目")
                List1.? Text1.Text
            End If
            If Option2.Value = True Then
                Text1.Text = InputBox("请输入要删除的项目")
                For i = 0 To ?
                    If List1.List(i) = Text1.Text Then
                        List1.RemoveItem i
                    End If
                Next i
            End If
        End Sub
```

第6章 过程与函数

一、实验目的

1. 熟悉过程与函数的定义和调用方法。
2. 进一步了解什么是变量、VB 的变量类型以及变量的作用域。
3. 理解过程与函数之间的数据传递关系、传递的形式、实参和形参的对应关系。

二、实验指导

例 6-1 利用过程调用计算表达式 $\sum_{i=1}^{100} x_i = 1!+2!+...+10!$ 的值，运行结果如图 6-1 所示。

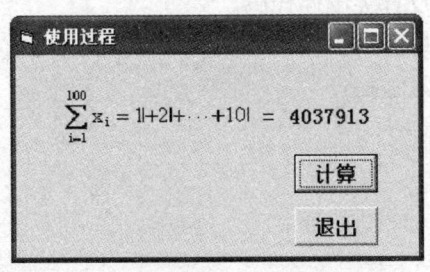

图 6-1 应用程序运行效果图

设计步骤如下：

①选择"文件"菜单中的"新建工程"命令，建立一个新工程（"标准 EXE"）。

②在窗体中添加一个标签控件 Label1，两个命令按钮控件 Command1～2 和一个图像框控件 Image1。设置图像框 Image1 的 Picture 属性为自定义的公式图片。其他各控件的属性采用默认值即可。

③双击"计算"命令按钮 Command1，打开事件代码编辑器窗口。单击"工具"菜单中的"添加过程"，弹出如图 6-2 所示的"添加过程"对话框。

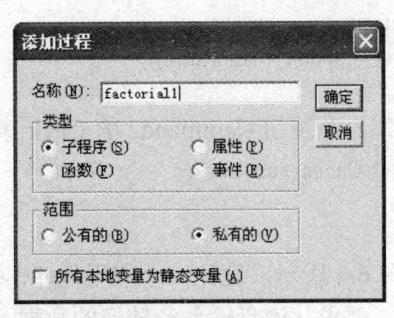

图 6-2 "工具"菜单（左）与"添加过程"对话框（右）

在"添加过程"对话框的"名称"处输入要添加的过程名，如：factorial1，在"类型"处选择"子程序",在"范围"处选择"私有的"。单击"确定"按钮后,在事件代码编辑器窗口中出现 factorial1 过程的程序代码行,如图 6-3 所示。

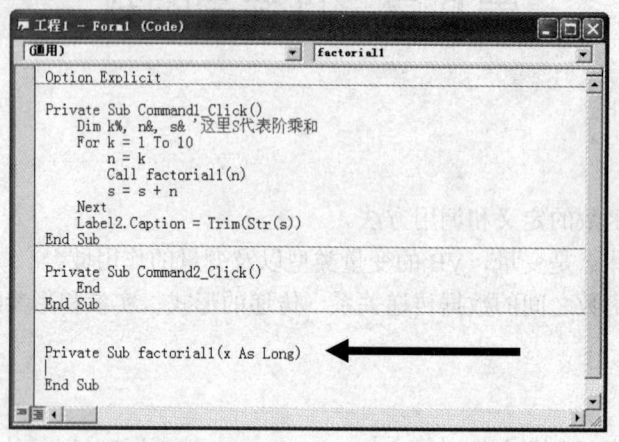

图 6-3 事件代码窗口中出现过程 factorial1 程序代码行(箭头所指处)

④添加 factorial1 子程序及有关事件代码。

- factorial1 子程序代码

```
Private Sub factorial1(x As Long)
    Dim a%, b&
    a = 0: b = 1
    Do While a < x
    a = a + 1
    b = b * a
    Loop
    x = b    '返回阶乘数
End Sub
```

- "计算"命令按钮 Command1 的 Click 事件代码

```
Private Sub Command1_Click()
    Dim k%, n&, s& '这里 s 代表阶乘和
    For k = 1 To 10
        n = k
        Call factorial1(n)
        s = s + n
    Next
    Label1.Caption = Trim(Str(s))
End Sub
```

- "退出"命令按钮 Command2 的 Click 事件代码

```
Private Sub Command2_Click()
    End
End Sub
```

例 6-2 如图 6-4 所示,设计一个应用程序,以调用自定义函数的方式实现不同进制数据之间的相互转换。要求从键盘输入待转换的数据,将转换结果显示在文本框中。

设计步骤如下:

①选择"文件"菜单中的"新建工程"命令,建立一个新工程("标准 EXE")。

图 6-4 程序运行效果图

②在窗体中添加一个标签控件 Label1，一个命令按钮控件 Command1、两个文本框控件 Text1~2、一个框架控件 Frame1。在框架 Frame1 中增加三个单选按钮控件 Option1~3。窗体 Form1 的 Caption 属性设置为：数制转换，窗体及各控件的其他属性均采用默认值。

③双击"转换"命令按钮 Command1，打开事件代码编辑器窗口。单击"工具"菜单中的"添加过程"命令，弹出如图 6-5 所示的"添加过程"对话框。

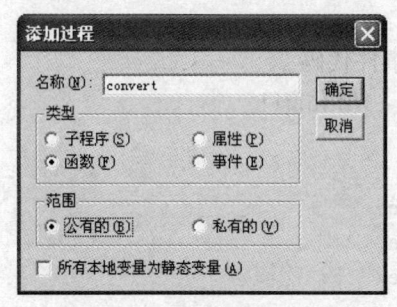

图 6-5 "添加过程"对话框

在"添加过程"对话框的"名称"处输入要添加的函数名：convert，在"类型"处选择"函数"，在"范围"处选择"公有的"。单击"确定"按钮后，在事件代码编辑器窗口中出现 convert 程序代码行，如图 6-6 所示。

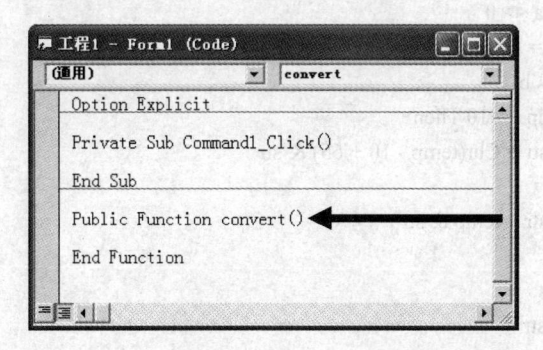

图 6-6 函数 convert 程序代码行（箭头所指处）

④添加函数 convert 程序及有关事件代码。

- "转换"命令按钮 Command1 的 Click 事件代码

```
Private Sub Command1_Click()    '取出十进制数据并判断要转换的数制
    Dim x%, y%
    x = Val(Text1)    '取出十进制数
    If Text1 = "" Then
        MsgBox "请先输入一个十进制数！"
```

```
            Text1.SetFocus
            Exit Sub
        End If
        If Option1 = False And Option2 = False And Option3 = False Then
            MsgBox "请选择进制"
            Exit Sub
        End If
        If Option1.Value = True Then
            y = 2
        ElseIf Option2.Value = True Then
            y = 8
        ElseIf Option3.Value = True Then
            y = 16
        End If
        Text2 = convert(x, y)
    End Sub
```

- 窗体 Form1 的 Load 事件代码

```
    Private Sub Form_Load()    '初始化窗口
        Text1 = ""
        Text2 = ""
        Option1.Value = False
        Option2.Value = False
        Option3.Value = False
    End Sub
```

- convert 函数程序代码

```
    Public Function convert(ByVal a%, ByVal b%) As String
        Dim str$, temp%
        str = ""
        Do While a <> 0
            temp = a Mod b
            a = a \ b
            If temp >= 10 Then
                str = Chr(temp - 10 + 65) & str
            Else
                str = temp & str
            End If
        Loop
        convert = str
    End Function
```

例 6-3 编写一个子过程，完成将一个一维数组中元素向右循环移位，移位次数由文本框输入。例如，数组各元素的值依次为 0，1，2，3，4，5，6，7，8，9，10；移位两次后，各元素的值依次为：9，10，0，1，2，3，4，5，6，7，8。程序运行后的界面如图 6-7 所示。

分析：

①在 Form_Load()事件过程中，对数组 a()进行初始化，并显示在屏幕上，此时要设置 Picture1 的 AutoRedraw 属性为 True，以便窗口上的信息能进行动态刷新。

②为了让数组 a()能在各过程中使用，需将该数组声明成模块级变量。

③编写一个过程 MoveRight()，使得每调用该过程一次，数组元素可以向右移动一位。在移动过程中，首先将最后一个元素的值临时保存起来，然后将该元素前面的各元素依次向后移动一位。最后，再将临时保存的那个数赋予数组中的第一个元素。

④调用子过程时，数组作为参数传递，实参为数组名加一对无下标的小圆括号，形参为动态数组的定义形式，也就是小圆括号中不加下标。

操作步骤如下：

①新建一个工程，在窗体 Form1 上添加一个图片框 Picture1、一个标签 Label1（Caption 属性为 "移动的位数："）、一个文本框 Text1 和一个命令按钮 Command1（Caption 属性为 "移位(&M)"）。

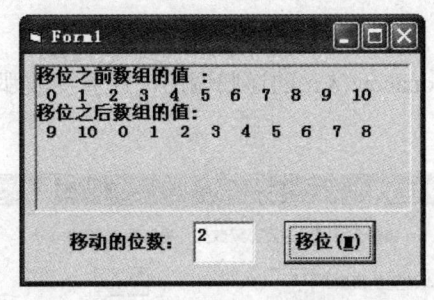

图 6-7 程序运行效果图

②编写窗体及命令按钮相关事件代码如下。

- 应用程序的 "通用" 声明部分

```
Option Explicit
Dim a(10) As Integer    'a(10)用于存放 10 个数
```

- "移位" 命令按钮 Command1 的 Click 事件代码

```
Private Sub Command1_Click()
    Dim I As Integer, J As Integer, K As Integer
    J = Val(Text1.Text)
    Do                        '循环的次数
        K = K + 1
        Call MoveRight(a())
    Loop Until K = J
    Picture1.Print "移位之后数组的值:"
    For I = 0 To 10
        Picture1.Print a(I);
    Next
    Print
End Sub
Private Sub MoveRight(m() As Integer)
    Dim r As Integer, s As Integer, t As Integer
    r = UBound(m)
    s = m(r)
    For t = r To LBound(m) + 1 Step -1
        m(t) = m(t - 1)       '向右移一位
    Next
```

```
            m(LBound(m)) = s    '数组最后一个数填充到第一个元素中
        End Sub
```

- 窗体 Form1 的 Load 事件代码

```
Private Sub Form_Load()
    Dim I As Integer
    Text1 = ""
    Picture1.Print "移位之前数组的值 :"
    For I = 0 To 10
        a(I) = I
        Picture1.Print a(I);
    Next I
    Picture1.Print
End Sub
```

例 6-4 利用子过程 Fibonacci (&n)的递归调用，计算斐波那契（Fibonacci）数。程序运行结果如图 6-8 所示。

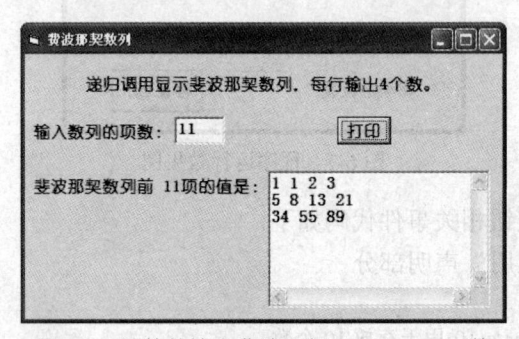

图 6-8 计算并输出斐波那契（Fibonacci）数

分析：参照例 4-1，我们可以得出计算斐波那契（Fibonacci）数的方法如下。

① 对于已知数 n，如果 $n<2$，则 Fibonacci(1)=1，Fibonacci(2)=1；

② 若 $n>2$，则斐波那契（Fibonacci）数的计算公式如下：

$$Fibonacci(n) = Fibonacci(n - 1) + Fibonacci(n - 2)$$

本例的设计步骤，请参照例 4-1，我们不再详述，这里给出的是递归函数过程及有关事件代码。

- "计算"命令按钮 Command1 的 Click 事件代码

```
Private Sub Command1_Click()
    Dim F(30) As Long, k&, n&
    Text2.Text = ""
    n = Val(Text1.Text)
    Label3.Caption = "斐波那契数列前" & Str(n) & "项的值是："
    For k = 1 To n
        Text2.Text = Text2.Text & Fibonacci(k) & " "   '调用 Fibonacci(n)递归函数
        If k Mod 4 = 0 Then Text2.Text = Text2.Text + vbCrLf
    Next
End Sub
```

- 计算斐波那契（Fibonacci）数的函数过程代码

```
Private Function Fibonacci(n As Long) As Long
```

```
        If n > 2 Then
            Fibonacci = Fibonacci(n - 1) + Fibonacci(n - 2)
        Else
            Fibonacci = 1
        End If
    End Function
```

三、实验练习

1. 如图 6-9 所示，编一子过程 ProcMin(a(),mina)，求一维数组 a 中的最小值 mina。主调程序随机产生 10 个 300～400（包含 300 且不含 400）之间的数，显示产生的数组中各元素；调用 ProcMin 子过程，显示数组中的最小值。

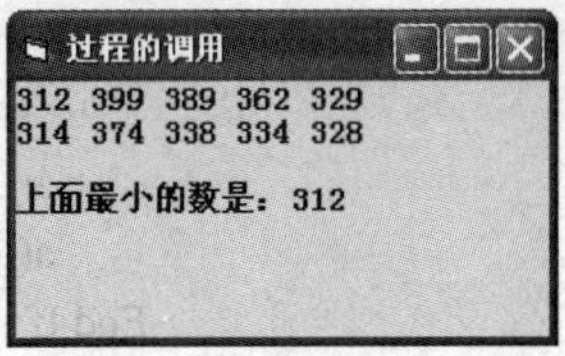

下面程序有错误，请把程序中的 ? 改为正确的内容。

```
Option Base 1
Private Sub Form_Click()
    Cls
    Randomize
    Dim a(10) As Integer, k%, mina%
    For k = 1 To 10
        a(k) = Int(Rnd * 100 + 300)
        Print a(k) & " ";
        If k Mod 5 = 0 Then Print
    Next
    mina = 400
    Call ProcMin(a, mina)
    Print
    Print "上面最小的数是：" & ?
End Sub
Sub ProcMin(?, minb%)
    Dim i%
    For i = 1 To 10
        If ? Then minb = b(i)
    Next
End Sub
```

图 6-9 练习 1 图

2. 如图 6-10 所示，其功能是通过调用过程 Sort 将数组按降序排序，请装入该文件。程序运行后，在四个文本框中各输入一个整数，如图 6-10（a）所示。然后，单击命令按钮，即可使数组按降序排序，并在文本框中显示出来，如图 6-10（b）所示。

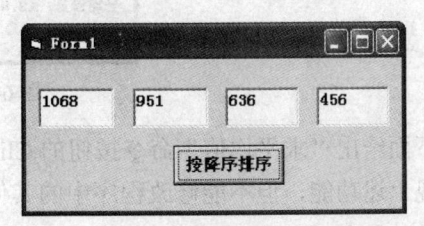

（a）排序前　　　　　　　　　　　　（b）排序后

图 6-10 练习 2 图

下面给出"按降序排序"命令按钮的 Click 事件代码，请把程序中的？改为正确的内容，使其实现上述功能，但不能修改程序中的其他部分。

```
Option Base 1
Private Sub Sort(a() As Integer)
    Dim Start As Integer, Finish As Integer
    Dim i As Integer, j As Integer, t As Integer
    Start = ?(a)
    Finish = ?(a)
    For i = ? To 2 Step -1
        For j = 1 To ?
            If a(j) ? a(j + 1) Then
                t = a(j + 1)
                a(j + 1) = a(j)
                a(j) = t
            End If
        Next j
    Next i
End Sub
Private Sub Command1_Click()
    Dim arr1
    Dim arr2(4) As Integer
    arr1 = Array(?)
    For i = 1 To 4
        arr2(i) = CInt(arr1(i))
    Next i
    Sort arr2()
    Text1.Text = arr2(1)
    Text2.Text = arr2(2)
    Text3.Text = arr2(3)
    Text4.Text = arr2(4)
End Sub
```

3．如图 6-11 所示，窗体上有四个文本框 Text1～4，一个标签 Label1 和一个命令按钮 Command1（求平均值）。程序运行后，在四个文本框中各输入一个整数，然后单击命令按钮，通过调用过程 Average 即可求出数组的平均值，并在窗体上显示出来。

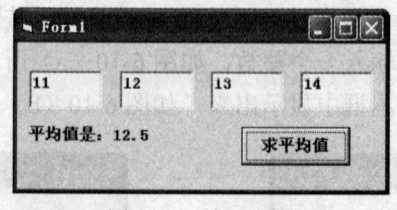

图 6-11　练习 3 图

下面给出"求平均值"命令按钮的 Click 事件代码，请把程序中的？改为正确的内容，使其实现上述功能，但不能修改程序中的其他部分。

```
Option Base 1
Private Function Average(a() As Integer) As Single
```

```
            Dim Start As Integer, Finish As Integer
            Dim i As Integer
            Dim Sum As Integer
            Start = LBound(a)
            Finish = UBound(a)
            Sum=?
            For i = Start To Finish
                Sum=Sum + ?
            Next i
            Average=?
        End Function
        Private Sub Command1_Click()
            Dim arr1
            Dim arr2(4) As Integer
            arr1 = Array(Val(Text1.Text), Val(Text2.Text), Val(Text3.Text), Val(Text4.Text))
            For i = 1 To 4
                arr2(i) = CInt(arr1(i))
            Next i
            Aver=Average(?)
            Label1.Caption = "平均值是：" & aver
        End Sub
```

4. 如图 6-12 所示，窗体上有两个文本框 Text1～2，有一个名称为 Command1、标题为"计算"的命令按钮。程序运行时，N 和 X 值通过键盘分别输入到两个文本框 Text1～2 之中。然后，单击"计算"命令按钮，则计算下面表达式的值并显示在标签 Label4 中。

$$z = (x-2)!+(x-3)!+(x-4)!+\cdots+(x-n)!$$

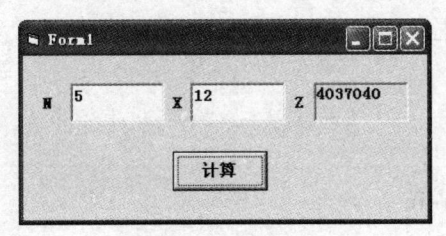

图 6-12 练习 4 图

下面给出"计算"命令按钮的 Click 事件代码，请把程序中的？改为正确的内容，以实现上述功能，但不能修改程序中的其他部分。

```
        Private Function xn(m As Integer) As Long
            Dim i As Integer
            Dim tmp As Long
            tmp = ?
            For i = 1 To m
                tmp =?
            Next
            ? = tmp
        End Function
        Private Sub Command1_Click()
            Dim n As Integer
```

```
        Dim i As Integer
        Dim t As Integer
        Dim z As Long, x As Single
        n = Val(Text1.Text)
        x = Val(Text2.Text)
        z = 0
        For i = 2 To n
            t = x - i
            z = z + ?
        Next
        Label4.Caption = z
    End Sub
```

5．如图 6-13 所示，输入要打印的行数，单击"打印"按钮，可打印对应行由"*"号组成的菱形。

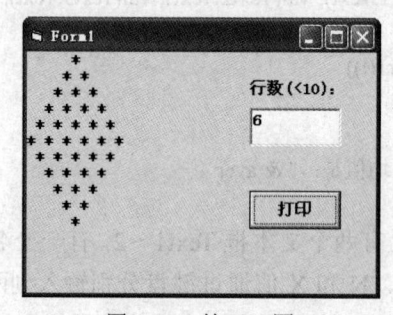

图 6-13　练习 5 图

"计算"按钮的程序代码如下，请把程序中的？改为正确的内容。

```
    Private Sub Command1_Click()
        Dim n%, i%
        n = Text1
        Cls
        For i = 1 To n
            Print Space(n - i);
            ?
            Print
        Next
        For i = n - 1 To 1 ?
            ?
            Call PrintStar(i)
            Print
        Next
    End Sub
    Sub PrintStar(j As Integer)
        Dim k%
        For k = 1 To ?
            ?
        Next
    End Sub
```

6. 编一求两数 m，n 最大公约数的函数 gcd(m,n)；主调程序在两个文本框中输入数据，在图形框中显示结果，如图 6-14 所示。

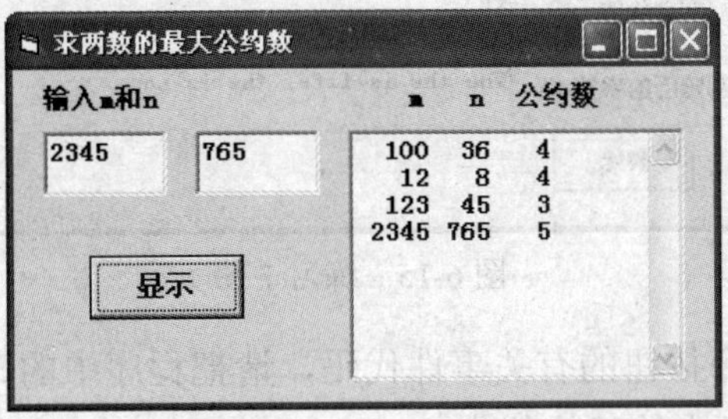

图 6-14 练习 6 图

提示：为了在文本框 Text3 中每行一组、整齐地显示结果，需利用格式函数来实现，如下：

Text3.Text =Format(TextBox1.Text, "@@@@@") & Format(TextBox2.Text, "@@@@") _
    & Format(gcd(m,n), "@@@@") & vbCrLf

其中：gcd(m,n)为求最大公约数的函数；"@@@@@"表示输出占 5 列，显示数据小于 5 列，左边补空；vbCrLf 为回车换行的常数符号。

注意：为了在文本框显示多行，文本框的 MultiLine 属性必须设置为 True。

下面给出窗体和"显示"命令按钮的有关事件代码，请把程序中的？改为正确的内容，使其实现上述功能，但不能修改程序中的其他部分。

```
Private Sub Command1_Click()
    Dim m As Long, n As Long
    m = Val(Text1.Text)
    ?
    Text3.Text = Text3 & Format(Text1.Text, "@@@@@") _
        & Format(Text2.Text, "@@@@") & Format(gcd(m, n), "@@@@") & vbCrLf
End Sub
Function gcd(m As Long, n As Long) As Long
    Dim max&, min&, i&, k&
    If m < n Then max = n: min = m Else max = m: min = n
    For i = 1 To min
        If max Mod i = 0 And ? Then k = i
    Next i
    ?
End Function
Private Sub Form_Load()
    Text1 = ""
    Text2 = ""
    Text3 = ""
End Sub
```

7. 如图 6-15 所示，编写一子过程 Delestr(s1,s2)，将字符串 s1 中出现的 s2 子字符串删去，结果存放在 s1 中。

图 6-15　练习 7 图

下面给出"删除"命令按钮的有关事件代码，请把程序中的？改为正确的内容，以实现上述功能，但不能修改程序中的其他部分。

```
Private Sub delestr(s1 As String, ByVal s2 As String)
    Dim i%
    i = ?           '在 s1 中查找子串 s2
    Ls2 = ?         '取 s2 的长度
    Do While i > 0
        s1 = Left(s1, i - 1) + ? '在 s1 中删除子串 s2
        i = InStr(s1, s2)
    Loop 'Do while 循环结束
End Sub
Private Sub Command1_Click()
    Dim ss1 As String
    ss1 = Text1
    Call delestr(ss1, Text2) '调用 deleStr 子过程
    Text3 = ?
End Sub
```

8. 编一函数过程 IsH(n)，对于已知正整数 n，判断该数是否是回文数，函数的返回值类型为布尔型。主调程序每输入一个数，就调用 IsH 函数过程，然后在图形框显示输入的数，如果是回文数就显示一个"★"，如图 6-16 所示。

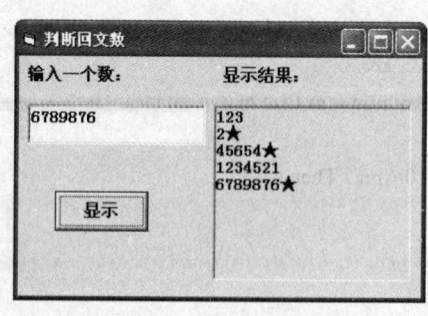

图 6-16　练习 8 图

提示：

（1）所谓回文数是指顺读与倒读数字相同，即指最高位与最低位相同，次高位与次低位相同，依次类推。当只有一位数时，也认为是回文数。

（2）回文数的求法：对输入的数（按字符串类型处理），利用 MID 函数从两边往中间比较，若不相同，就不是回文数。

下面给出"显示"命令按钮的有关事件代码，请把程序中的？改为正确的内容，以实现上述功能，但不能修改程序中的其他部分。

```
Option Explicit
Private Sub Command1_Click()
    Call IsH(Val(Text1.Text))
End Sub
Function IsH(n) As String
    Dim i As Integer
    For i = 1 To Int(Len(n) / 2)
        If Mid(n, i, 1) <>? Then      '前后数进行比较
            Picture1.Print Text1.Text
            Exit Function
        End If
    Next i
    Picture1.Print ?; "★"
End Function
```

9. 如图 6-17 所示，编写一个函数过程，用于判断一个已知数 m 是否是完数（完数就是指该数本身等于它的各个因子之和，如 6=1+2+3，6 就是一个完数）；主调程序调用此函数求出 10000 之内的所有完数，并把所求完数显示在文本框 Text1 中。

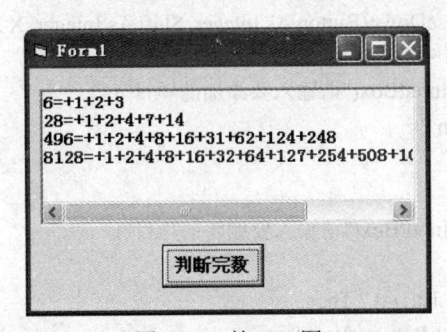

图 6-17　练习 9 图

下面给出"判断完数"命令按钮的有关事件代码，请把程序中的？改为正确的内容，使其实现上述功能，但不能修改程序中的其他部分。

```
Private Sub Command1_Click()
    Dim i As Integer, st As String
    For i = 1 To 10000
        If ? Then Text1 = Text1 & st & vbCrLf
    Next i
End Sub
Function ws(ByVal m%, st As String) As Boolean
    Dim Sum%
    st = m & "="
    For i = 1 To ?
        If m Mod i = 0 Then
            Sum = Sum + i
            st = st & "+" & i
        End If
```

```
            Next i
            If Sum = m Then ws =?
        End Function
```

10. 如图 6-18 所示，在窗体上画一个列表框 List1 和一个文本框 Text1。编写窗体的 MouseDown 事件过程。程序运行后，如果用鼠标左键单击窗体，则从键盘上输入要添加到列表框中的项目（内容任意，不少于三个字符），将其显示在列表框中；如果用鼠标右键单击窗体，则从键盘上输入要删除的项目，将其从列表框中删除。

图 6-18　练习 10 图

下面给出有关事件代码，请把程序中的？改为正确的内容，使其实现上述功能，但不能修改程序中的其他部分。

```
Private Sub Form_MouseDown(Button As Integer, Shift As Integer, X As Single, Y As Single)
    If Button = 1 Then
        Text1.Text = InputBox("请输入要添加的项目")
        List1.AddItem ?
    End If
    If Button = 2 Then
        Text1.Text = InputBox("请输入要删除的项目")
        For i = 0 To ?
            If List1.List(i) = ? Then
                List1.RemoveItem ?
            End If
        Next i
    End If
End Sub
```

11. 如图 6-19 所示，程序运行时，通过键盘向文本框中输入数字，如果输入的是非数字字符，则提示输入错误，且文本框中不显示输入的字符。单击名称为 Command1、标题为"添加"的命令按钮，则将文本框中的数字添加到名称为 Combo1 的组合框中。

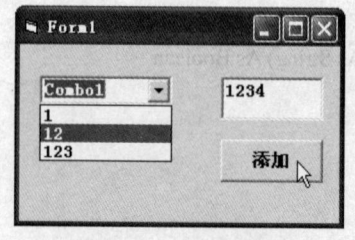

图 6-19　练习 11 图

下面给出了"添加"命令按钮和文本框 Text1 的 KeyPress 事件代码，但程序不完整，请把程序中的？改为正确的内容。

```
Private Sub Command1_Click()
    Combo1.?
    Text1.Text = ""
End Sub
Private Sub Text1_KeyPress(KeyAscii As Integer)
    If KeyAscii > 57 Or KeyAscii < ? Then
        MsgBox "请输入数字！"
        KeyAscii =?
    End If
End Sub
```

12. 如图 6-20 所示，窗体上有一个形状 Shape1 和一个计时器 Timer1。程序运行时，形状 Shape1 的前景色不断地以黄色和红色变化，单击鼠标，形状 Shape1 将移动到鼠标所在处。

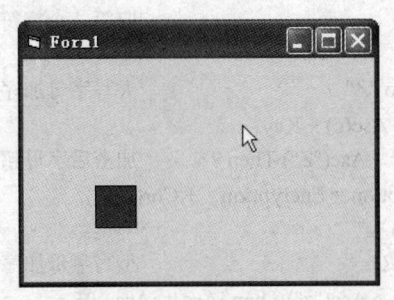

图 6-20　练习 12 图

文件中已经给出了所有控件和程序，但程序不完整，请去掉程序中的注释符，把程序中的？改为正确的内容。

```
Private Sub Form_MouseDown(Button As Integer, Shift As Integer, X As Single, Y As Single)
    Shape1.Left = ?
    Shape1.Top = ?
End Sub
Private Sub Timer1_Timer()
Static f As Boolean
    If f = False Then
        Shape1.BackColor = &HFF& ' vbred
        f = True
    Else
        Shape1.BackColor = &HFFFF& ' vbYellow
        f = False
    End If
End Sub
```

13. 加密和解密。在当今这个信息社会，信息的安全性得到了广泛的重视，信息加密是一项广泛使用的安全性措施。信息加密有多种方法，最简单的加密方法是：将每个字母加一序数，称为密钥。例如，加序数 5，这时 "A" 对应 "F"，"a" 对应 "f"，"B" 对应 "G"，"Y" 对应 "D"，"Z" 对应 "E"；解密则是加密的逆操作。

编写一个加密的程序，即将输入的一行字符串中的所有字母加密，程序的运行界面如图 6-21 所示。

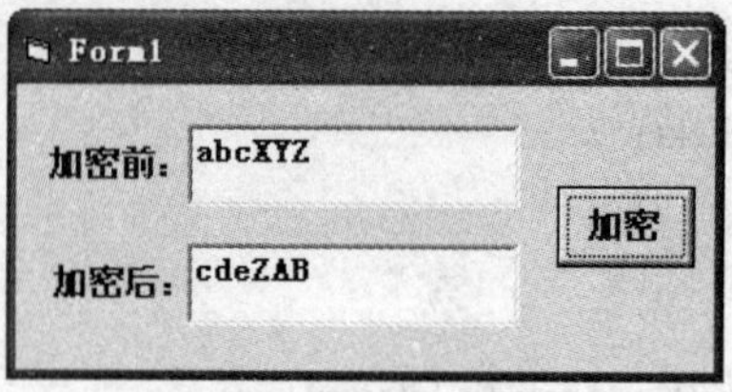

图 6-21 练习 13 图

下面给出了"加密"命令按钮和文本框 Text1 的 KeyPress 事件代码，但程序不完整。请把程序中的？改为正确的内容。

```
Function Encryption (ByVal s$, ByVal Key%)
    Dim c As String * 1, iAsc%
    Code = ""
    For i = 1 To Len(s)
        c = Mid$(s, i, 1)                      '取第 i 个字符
        Select Case ?
            Case "A" To "Z"                    '大写字母加序数 Key 加密
                iAsc = Asc(c) + Key
                If iAsc > Asc("Z") Then ?      '加密后字母超过 Z 的解决方法
                Encryption = Encryption + Chr(iAsc)
            Case "a" To "z"
                iAsc = ?                       '小写字母加序数 Key 加密
                If iAsc > Asc("z") Then iAsc = iAsc - 26
                Encryption = Encryption + Chr(iAsc)
            Case Else                          '其他字符时不加密，与已加密子字符串连接
                Encryption = Encryption + ?
        End Select
    Next i
End Function
Private Sub Command1_Click()                   '加密事件
    Text2 = Encryption (Text1, 2)              '调用
End Sub
```

第7章 菜单与界面设计

一、实验目的

1．熟悉使用 VB 菜单编辑器创建下拉式菜单、快捷菜单的方法。
2．掌握 VB 通用对话框的使用方法。
3．掌握简单的多文档界面程序的设计。
4．了解 MDI 窗体和子窗体的特点。

二、实验指导

例 7-1 有如图 7-1 所示应用程序，通过"菜单"下的色彩设置，可以将窗体的背景分别改为"红色"、"绿色"、"蓝色"，单击"菜单"下的"退出"命令，则自动退出程序。

设计步骤如下：

①选择"文件"菜单中的"新建工程"命令，建立一个新工程（"标准 EXE"）。

②单击"工具"菜单中的"菜单编辑器"命令（或单击"标准"工具栏中的"菜单编辑器"按钮），弹出"菜单编辑器"对话框，如图 7-2 所示。

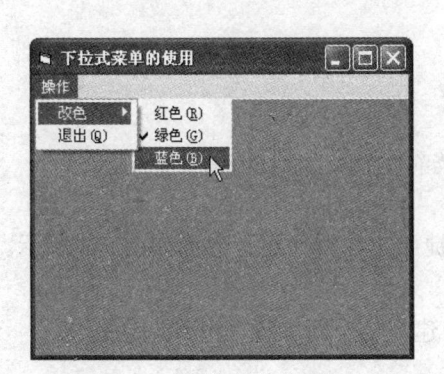

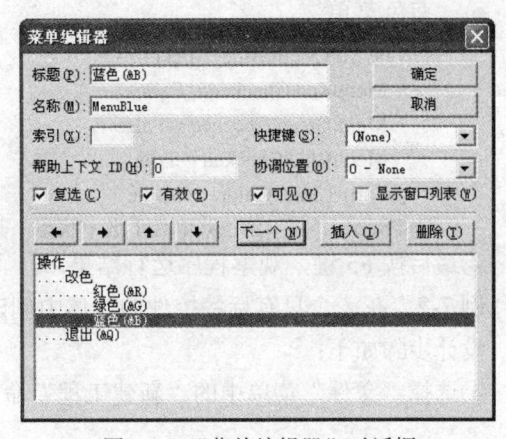

图 7-1 下拉菜单的使用   图 7-2 "菜单编辑器"对话框

需要注意的是，"操作"为一级菜单，"改色"、"退出"为二级菜单、"红色"、"绿色"、"蓝色"为三级菜单。执行"红色"、"绿色"、"蓝色"菜单命令时会出现复选标记。

③为菜单项添加相关的程序代码：

- "退出"菜单

    Private Sub MenuExit_Click()
        End   '点击本菜单，自动退出程序
    End Sub

- 窗体 Form1 的 Load 事件代码

    Private Sub Form_Load()

```
            MenuRed.Checked = False
            MenuGreen.Checked = False
            MenuBlue.Checked = False
        End Sub
```
这段程序，让三个复选菜单都处于未被选中状态（在程序运行时起作用，在设计过程中，三个复选菜单始终处于选中状态）。
- 红色菜单（MenuRed）
```
        Private Sub MenuRed_Click()
            MenuRed.Checked = True
            MenuGreen.Checked = False
            MenuBlue.Checked = False
            Form1.BackColor = vbRed
        End Sub
```
这段代码，让"红色菜单"处于选中状态，而其他颜色的菜单处于未被选中状态，同时将窗体的背景色变为红色（VbRed）。
- 绿色菜单（MenuGreen）
```
        Private Sub MenuGreen_Click()
            MenuRed.Checked = False
            MenuGreen.Checked = True
            MenuBlue.Checked = False
            Form1.BackColor = vbGreen
        End Sub           '绿色菜单处于选中状态，其他菜单非选中，同时窗体背景色变为绿色
```
- 蓝色菜单
```
        Private Sub MenuBlue_Click()
            MenuRed.Checked = False
            MenuGreen.Checked = False
            MenuBlue.Checked = True
            Form1.BackColor = vbBlue
        End Sub           '蓝色菜单处于选中状态，其他菜单非选中，同时窗体背景变为蓝色
```
④最后按 F5 键，观察程序运行结果。

例 7-2 在一个只有标签控件的窗体中创建快捷菜单，程序运行界面如图 7-3 所示。

设计步骤如下：

①选择"文件"菜单中的"新建工程"命令，建立一个新工程（"标准 EXE"）。

图 7-3 快捷菜单的应用

②单击"标准"工具栏中的"菜单编辑器"按钮，弹出"菜单编辑器"对话框，如图 7-2 所示。利用"菜单编辑器"对话框设计如表 7-1 所示的菜单内容：

表 7-1　属性设置

标题（Caption）	菜单项名（Name）
格式	MenuFormat
……字体(&F)	MenuFont
……颜色(&C)	MenuColor
……大小(&S)	MenuSize
…………18	Menu18
…………20	Menu20
…………24	Menu24

③添加相关的事件代码，本例只编写"大小"子菜单下的各菜单项的 Click 事件代码，其他各菜单的事件代码，请读者自行完成。

- 将生成的 MenuFormat 菜单设置为不可视

```
Private Sub Form_Load()
    Me.MenuFormat.Visible = False      'MenuFormat 菜单设置为不可视
End Sub
```

- 标签控件 Label1 的 MouseDown 事件代码

```
Private Sub Label1_MouseDown(Button As Integer, Shift As Integer, X As Single, Y As Single)
    If Button = 2 Then                 '判断是否按动鼠标右键
        PopupMenu MenuFormat           '弹出菜单 MenuFormat（格式）
    End If
End Sub
```

- 菜单项"18"Menu18 的 Click 事件代码

```
Private Sub Menu18_Click()
    Label1.FontSize = 18
End Sub
```

- 菜单项"20"Menu20 的 Click 事件代码

```
Private Sub Menu20_Click()
    Label1.FontSize = 20
End Sub
```

- 菜单项"24"Menu24 的 Click 事件代码

```
Private Sub Menu24_Click()
    Label1.FontSize = 24
End Sub
```

④最后按 F5 键，观察程序运行结果。

例 7-3　设计如图 7-4 所示的应用程序界面，单击窗口右侧不同的命令按钮，可以调用通用对话框。

设计步骤如下：

①选择"文件"菜单中的"新建工程"命令，建立一个新工程（"标准 EXE"）。

②在窗体中添加六个文本框 Text1～6，含六个命令按钮的命令按钮组 Command1～6。

③选择"工程"菜单中的"部件"命令，在出现的"部件"对话框中选择"Microsoft Windows Common Dialog Control 6.0"部件，将其添加到工具箱中。

④在窗体中添加一个通用对话框 CDltest。

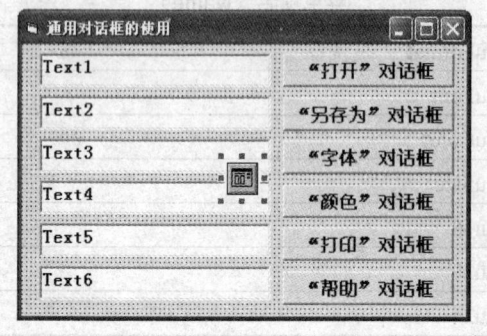

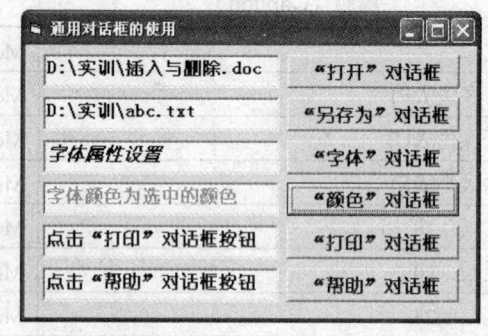

图 7-4 "通用对话框"的使用

⑤将"打开"对话框按钮、"另存为"对话框按钮、"字体"对话框按钮、"颜色"对话框按钮、"打印"对话框按钮和"帮助"对话框按钮的"名称"分别定义为 CmdOpen、CmdSave、CmdFont、CmdColor、CmdPrint 和 CmdHelp，其他各控件的属性均采用默认即可。

⑥添加相关的事件代码。

```
'通用对话框的使用
'当"打开"对话框按钮被按下时
Private Sub CmdOpen_Click()
    '属性 DialogTitle 是要弹出的对话框的标题
    CDltest.DialogTitle = "打开文件"
    '缺省的文件名为空
    CDltest.FileName = ""
    '属性 Filter 是文件滤器，返回或设置在对话框的类型列表框中所显示的过滤器
    '语法 object.Filter [= 文件类型描述 1 |filter1 |文件类型描述 2 |filter2...]
    CDltest.Filter = "文档(*.doc)|*.DOC|文本文件(*.txt)|*.txt"
    CDltest.ShowOpen
    Text1.Text = CDltest.FileName
End Sub
'当"保存"对话框按钮被按下时
Private Sub CmdSave_Click()
    CDltest.DialogTitle = "保存文件"
    CDltest.FileName = ""
    CDltest.Filter = "文本文件(*.txt)|*.txt"
    CDltest.ShowSave
    Text2.Text = CDltest.FileName
End Sub
'当"字体"对话框按钮被按下时
Private Sub CmdFont_Click()
    '此句必须要，决定显示屏幕字体、打印字体或两者同时显示
    CDltest.Flags = cdlCFBoth + cdlCFEffects
    '显示"字体"对话框
    CDltest.ShowFont
    '将 TextBox 的字体属性根据"字体"对话框的变化做相应设置
    '如果用户选择了字体才将字体改变，避免字体为空的错误
    If CDltest.FontName <> "" Then
```

```
                TextBoxFont.FontName = CDltest.FontName
            End If
            Text3.FontSize = CDltest.FontSize
            Text3.FontBold = CDltest.FontBold
            Text3.FontItalic = CDltest.FontItalic
            Text3.FontStrikethru = CDltest.FontStrikethru
            Text3.FontUnderline = CDltest.FontUnderline
End Sub
'当"颜色"对话框按钮被按下时
Private Sub CmdColor_Click()
            CDltest.Flags = cdlCCRGBInit
            CDltest.ShowColor
            Text4.ForeColor = CDltest.Color
End Sub
'当"打印"对话框按钮被按下时
Private Sub CmdPrint_Click()
            '显示"打印"对话框
            CDltest.ShowPrinter
End Sub
'当"帮助"对话框按钮被按下时
Private Sub CmdHelp_Click()
            Dim fullpath As String    '指定帮助文件
            If Right(App.Path, 1) = "\" Then    '若 App.Path 为根目录
                fullpath = App.Path + "test.hlp"
            Else
                fullpath = App.Path + "\" + "test.hlp"
            End If
            '上面是得到应用程序所在路径的小技巧
            CDltest.HelpFile = fullpath
            CDltest.ShowHelp    '显示"帮助"对话框
End Sub
'窗体 Form1 的 Load 事件代码
Private Sub Form_Load()
            Text1 = "显示选中的文件"
            Text2 = "显示另存为文件的路径"
            Text3 = "字体属性设置"
            Text4 = "字体颜色为选中的颜色"
            Text5 = "点击"打印"对话框按钮"
            Text6 = "点击"帮助"对话框按钮"
End Sub
```

例 7-4 输入学生的高等数学、大学英语和计算机基础三科成绩，成绩以柱状方式显示，如图 7-5 所示。

设计步骤如下：

①选择"文件"菜单中的"新建工程"命令，建立一个新工程（"标准 EXE"）。

②在窗体 Form1 中添加三个命令按钮 Command1～3，修改窗体及三个命令按钮的 Caption 属性为：多重窗体程序、成绩输入、图形显示和关闭程序，将窗体 Form1 的 Name 属性改为 FrtForm。

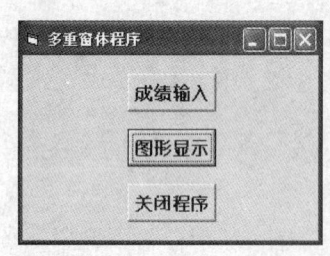

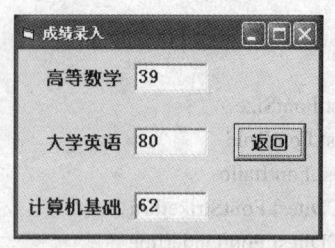

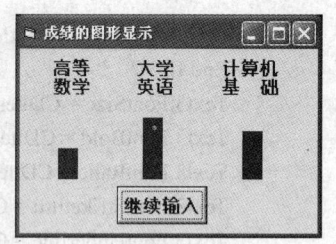

图 7-5 由三个窗体组成的多重窗体

③添加命令按钮 Command1～3 的相关事件代码。
- "成绩输入"命令按钮 Command1 的 Click 事件代码

```
Private Sub Command1_Click()
    FrtForm.Hide        '隐藏主窗体
    SndForm.Show        '显示窗体 Form2
End Sub
```

- "图形显示"命令按钮 Command2 的 Click 事件代码

```
Private Sub Command2_Click()
    FrtForm.Hide        '隐藏主窗体
    ThrForm.Show        '显示窗体 Form3
End Sub
```

- "关闭程序"命令按钮 Command3 的 Click 事件代码

```
Private Sub Command3_Click()
    End
End Sub
```

④在"工程资源管理器"窗口中，单击鼠标右键，依次选择快捷菜单中的"添加"→"添加窗体"命令（也可使用"工程"菜单中的"添加窗体"命令），可为工程添加一新窗体 Form2。同样的操作可以再添加一个新窗体 Form3，最终形成如图 7-6 所示的设计界面。

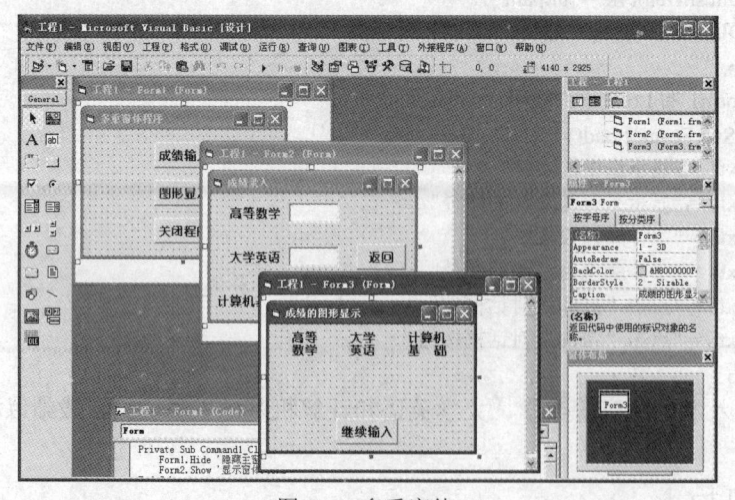

图 7-6 多重窗体

⑤将窗体 Form1～2 的 Name 属性分别设置为 SndForm 和 ThrForm。在窗体 SndForm 和 ThrForm 中添加相关的控件，设计好窗体及各控件的属性，并调整窗体的大小和各控件的位置。

⑥为窗体 SndForm 和 ThrForm 及各控件添加相关的事件代码。

- 窗体 SndForm 中的"返回"命令按钮 Command1 的 Click 事件代码
  ```
  Private Sub Command1_Click()
      FrtForm.Show '显示窗体 Form1
  End Sub
  ```
- 窗体 SndForm 的 Load 事件代码
  ```
  Private Sub Form_Load()
      Text1 = "":Text2 = "":Text3 = ""
  End Sub
  ```
- 窗体 ThrForm 中的"继续输入"命令按钮 Command1 的 Click 事件代码
  ```
  Private Sub Command1_Click()
      SndForm.Show
      Me.Hide
  End Sub
  ```
- 窗体 ThrForm 的 Paint 事件代码
  ```
  Private Sub Form_Paint()
      Me.ForeColor = vbBlue
      Line (520, 1700 - SndForm.Text1.Text * 10)-(780, 1700), , BF '画一实心矩形
      Line (1660, 1700 - SndForm.Text2.Text * 10)-(1920, 1700), , BF
      Line (3000, 1700 - SndForm.Text3.Text * 10)-(3260, 1700), , BF
  End Sub
  ```

⑦单击"工程"菜单中的"工程 1 属性"命令，弹出"工程 1－工程属性"对话框，如图 7-7 所示。在对话框的"通用"选项卡中的"启动对象"列表框选择一个启动的对象，如 FrtForm，单击"确定"按钮后，可设置应用程序的启动窗体或程序。

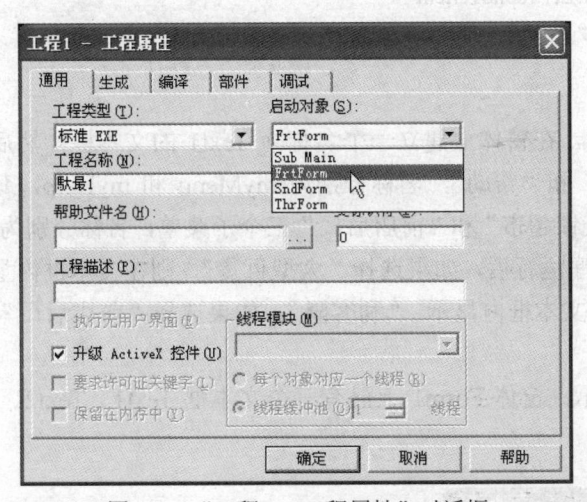

图 7-7 "工程 1－工程属性"对话框

⑧按下 F5 功能键，启动应用程序，观察运行效果。

三、实验练习

1. 如图 7-8 所示，在窗体上建立一个菜单，主菜单项为"项目"（名称为 Item），它有两个子菜单项，其名称分别为 Add 和 Delete，标题分别为"添加项目"和"删除项目"，然后画一个列表框（名称为 List1）和一个文本框（名称为 Text1）。

图 7-8 练习 1 图

程序运行后，如果执行"添加项目"命令，则从键盘上输入要添加到列表框中的项目（内容任意，不少于三个）；如果执行"删除项目"命令，则从键盘上输入要删除的项目，将其从列表框中删除。

下面给出了两个子菜单"添加项目"和"删除项目"的 Click 事件代码，但程序不完整，请把程序中的？改为适当的内容，使其能正确运行，但不能修改程序中的其他部分。

```
Private Sub Add_Click()
    Text1.Text = InputBox("请输入要添加的项目")
    List1.AddItem ?
End Sub
Private Sub Delete_Click()
    Text1.Text = InputBox("请输入要删除的项目")
    For i=0 to ?
        If List1.List(i)=? Then
            'List1.RemoveItem ?
        End If
    Next i
End Sub
```

2．如图 7-9 所示，在窗体上建立一个名称为 Text1 的文本框；然后建立两个主菜单，标题分别为"销售业态"和"帮助"，名称分别为 myMenu 和 myHelp，其中"销售业态"菜单包括"大型百货"、"连锁超市"和"前店后厂"三个子菜单，名称分别为 myMenu1、myMenu2 和 myMenu3。要求程序运行后，如果选择"大型百货"，则在文本框内显示："销售"；如果选择"连锁超市"，则在文本框内显示："利客隆"；如果选择"前店后厂"，则在文本框内显示："稻香村"。

3．如图 7-10 所示，窗体 Form1 上已有三个文本框 Text1、Text2、Text3，并给出了部分程序代码。

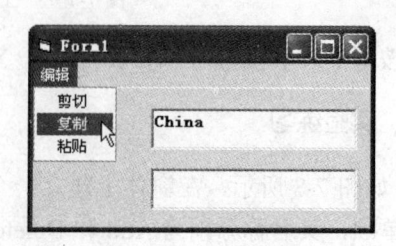

图 7-9 练习 2 图   图 7-10 练习 3 图

要求完成以下工作：

①在属性窗口中修改 Text3 的适当属性，使其在运行时不显示，作为模拟的剪贴板使用。

②建立下拉式菜单，如表 7-2 所示。

表 7-2 属性设置

标题	名称
编辑	Edit
剪切	Cut
复制	Copy
粘贴	Paste

③窗体文件中给出了所有事件过程，但不完整，请把程序中的?改为正确的内容。以实现如下功能：当光标所在的文件框中无内容时，"剪切"、"复制"不可用，否则可以把该文本框中的内容剪切或复制到 Text3 中；若 Text3 中无内容，则"粘贴"不能用，否则可以把 Text3 中的内容粘贴到光标所在文本框中的内容之后。

```
Dim which As Integer
Private Sub copy_Click()
    If which = 1 Then
        Text3.Text = Text1.Text
    ElseIf which = 2 Then
        Text3.Text = Text2.Text
    End If
End Sub
Private Sub cut_Click()
    If which = 1 Then
        Text3.Text = Text1.Text
        Text1.Text = ""
    ElseIf which = 2 Then
        Text3.Text = Text2.Text
        Text2.Text = ""
    End If
End Sub
Private Sub edit_Click()
    If which = ? Then
        If Text1.Text = "" Then
            Cut.Enabled = False
            Copy.Enabled = False
        Else
            Cut.Enabled = True
            Copy.Enabled = True
        End If
    ElseIf which = ? Then
        If Text2.Text = "" Then
            Cut.Enabled = False
            Copy.Enabled = False
        Else
```

```
                    Cut.Enabled = True
                    Copy.Enabled = True
                End If
            End If
            If Text3.Text = "" Then
                Paste.Enabled = False
            Else
                Paste.Enabled = True
            End If
        End Sub
        Private Sub paste_Click()
            If which = 1 Then
                Text1.Text = ?
            ElseIf which = 2 Then
                Text2.Text = ?
            End If
        End Sub
        Private Sub Text1_GotFocus()    '本过程的作用是：当焦点在 Text1 中时，which = 1
            which = 1
        End Sub
        Private Sub Text2_GotFocus()    '本过程的作用是：当焦点在 Text2 中时，which = 2
            which = 2
        End Sub
```

4．如图 7-11 所示，在名称为 Form1 的窗体上画一个名称为 Text1 的文本框，再建立一个名称为 Format 的快捷菜单，含三个菜单项，标题分别为"加粗"、"斜体"和"下划线"，名称分别为 M1、M2 和 M3。请编写适当的事件过程，在运行时当用鼠标右键单击文本框时，弹出此菜单，选中一个菜单项后，则进行菜单标题所描述的操作。

图 7-11　练习 4 图

下面给出了所有事件过程，但不完整，请把程序中的?改为正确的内容。

```
        Private Sub M1_Click()
            Text1.FontBold = True
        End Sub
        Private Sub M2_Click()
            ? = True
        End Sub
        Private Sub M3_Click()
            Text1.? = True
        End Sub
        Private Sub Text1_MouseDown(Button As Integer, Shift As Integer, X As Single, Y As Single)
            If Button = 2 Then ?
        End Sub
```

5．如图 7-12 所示，窗体上有一个菜单（mypopmenu）、两个标签和两个文本框。程序运行时，用鼠标右击窗体，弹出一个快捷菜单。当选中"计算 100 以内自然数之和"菜单项时，将计算 100 以内自然数之和并放入 Text1 中；当选中"7！"菜单项时，计算 7 的阶乘并放入 Text2 中。

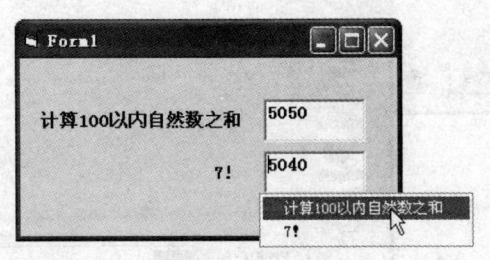

图 7-12 练习 5 图

下面给出了所有事件过程和函数程序代码，但不完整，请把程序中的?改为正确的内容，以实现上述程序功能。要求：读者不得修改窗体文件中已经存在的控件和程序。

```
Private Sub Form_MouseDown(Button As Integer, Shift As Integer, X As Single, Y As Single)
    If ? = 2 Then
        PopupMenu ?
    End If
End Sub
Private Sub m1_Click()
    s = 0
    For k = 1 To 100
        s = s + k
    Next k
    Text1 = s
End Sub
Private Function fact(n As Integer) As Integer
    t = 1
    For k = n To  ?
        t = t * k
    Next k
    fact = t
End Function
Private Sub m2_Click()
    Text2 = ?
End Sub
```

6．如图 7-13 所示，包含了所有控件和部分程序。当程序运行时，单击"打开文件"按钮，则弹出"打开"对话框，默认目录为当前工程所在目录，默认文件类型为"文本文件"。选中 in5.txt 文件，单击"打开"按钮，则把该文件中的内容读入并显示在文本框（Text1）中；单击"修改内容"按钮，则将 Text1 中的大写字母"E"、"N"、"T"改为小写，把小写字母"e"、"n"、"t"改为大写；单击"保存文件"按钮，则弹出"另存为"对话框，默认文件类型为"文本文件"，默认文件夹为当前工程所在文件夹，默认文件名为"out5.txt"，单击"保存"按钮，则将 Text1 中修改后的内容保存到 out5.txt 文件中。

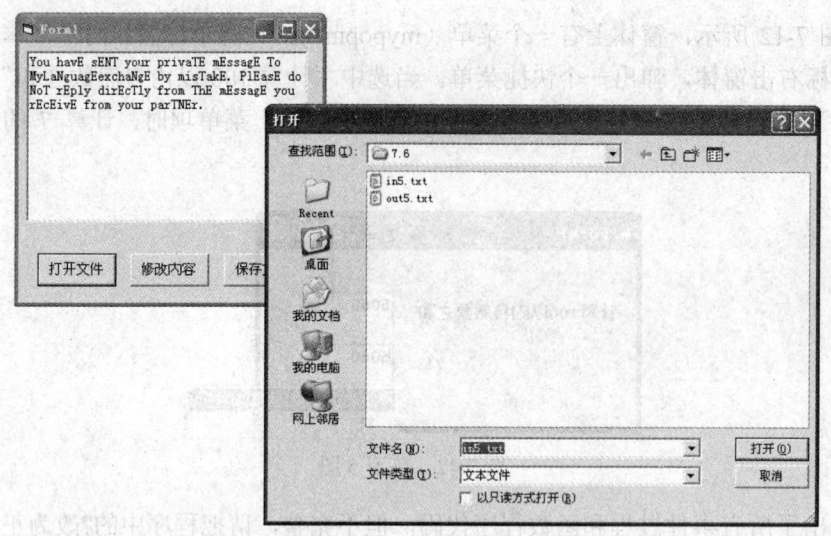

图 7-13 练习 6 图

窗体中已经给出了所有控件和程序，但程序不完整，请把程序中的?改为正确的内容，并编写"修改内容"按钮的 Click 事件过程。

```
Private Sub Command1_Click()
    Dim s As String
    CommonDialog1.Filter = "所有文件|*.*|文本文件|*.txt"
    CommonDialog1.FilterIndex = ?
    CommonDialog1.InitDir = App.Path
    CommonDialog1.ShowOpen
    Open CommonDialog1.FileName For Input As #1    '打开选定的文件
    '以下将文件中的内容读入到文本中，读者可暂时不理会它
    Line Input #1, s
    Close #1
    Tcxt1.Text = s
    '*************************************************
End Sub
Private Sub Command2_Click()
    Dim ch As String
    Dim s As String
    Dim n As Long
    s = Text1.Text
    Text1.Text = ""
    For n = 1 To Len(s)
        ch = Mid(?, n, 1)
        If ch = "E" Or ch = "N" Or ch = "T" Then
            ch = LCase(ch)
        ElseIf ch = "e" Or ch = "n" Or ch = "t" Then
            ch = ?
        End If
        Text1.Text = Text1 & ?
    Next
End Sub
```

```
Private Sub Command3_Click()
    CommonDialog1.Filter = "文本文件|*.txt|所有文件|*.*"
    CommonDialog1.FilterIndex = 1
    CommonDialog1.FileName = "out5.txt"
    CommonDialog1.InitDir = App.Path
    CommonDialog1.Action = ?
    Open CommonDialog1.FileName For Output As #1
    '以下是保存文件，读者可暂时不理会它
    Print #1, Text1
    Close #1
    '*****************************************************
End Sub
```

7. 在如图 7-14 所示应用程序中，含有名称分别为 Form1 和 Form2 的两个窗体。其中 Form1 上有两个控件（图像框和计时器）和一个含有三个菜单命令的菜单项"操作"，如图 7-14 左图所示。Form2 上有一个名称为 Command1、标题为"返回"的命令按钮，如图 7-14 右图所示）。

要求：当单击"窗体 2"菜单命令时，隐藏 Form1，显示 Form2；单击"动画"菜单命令时，使小汽车开始移动，一旦移到窗口的右边界时自动跳到窗体的左边界重新开始移动；单击"退出"菜单命令时，结束程序运行。

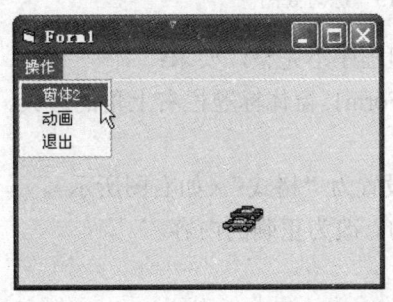

图 7-14　练习 7 图

下面给出了窗体 Form1 的子菜单和计时器的事件代码，但程序不完整，请把程序中的?改为正确的内容，并编写窗体 Form2 的"返回"命令按钮的 Click 事件过程。

```
Private Sub mnuOper_Click(Index As Integer)
    Select Case ?
        Case 0
            Form2.Show
            Form1.Hide
        Case 1
            Timer1.Enabled=?
        Case 2
            End
    End Select
End Sub
Private Sub Timer1_Timer()
    Image1.Left = Image1.Left + 100
    If Image1.Left + Image1.Width >= ? Then
        Image1.Left = ?
```

```
        End If
    End Sub
    '以下请读者编写窗体 Form2 中的 "返回" 命令按钮的 Click 事件过程
    Private Sub Command1_Click()
        ?
        ?
    End Sub
```

8．有一个工程，工程中有两个名称分别为 Form1 和 Form2 的窗体，Form1 为启动窗体，程序执行时 Form2 不显示。Form1 中有三个菜单项，如图 7-15 左图所示。程序运行时，若单击"格式"菜单项，则显示 Form2 窗体，如图 7-15 右图所示。选中一种字号和字体后单击"确定"按钮，则可改变 Form1 上文本框中的字号和字体，并使 Form2 窗体消失。若单击"退出"菜单项，则结束程序的运行。

图 7-15 练习 8 图

文件中已经给出了所有控件和程序，但程序不完整，要求：

①利用属性窗口设置适当的属性，使 Form1 窗体标题栏右上角的最大、最小化按钮消失（如左图所示）。

②利用属性窗口把 Form2 窗体的标题设置为"格式"（如右图所示）。

③请去掉程序中的注释符，把程序中的？改为正确的内容。

以下是窗体 Form1 的有关事件代码。

```
    Private Sub m1_Click()
        Text1.Alignment = 0
    End Sub
    Private Sub m2_Click()
        Text1.Alignment = 2
    End Sub
    Private Sub m3_Click()
        Text1.Alignment = 1
    End Sub
    Private Sub menu2_Click()
        ?.Show
    End Sub
    Private Sub menu3_Click()
        End
    End Sub
```

以下是窗体 Form2 的有关事件代码。

```
    Private Sub Command1_Click()
        If List1.Text <> "" Then
            Form1.Text1.? = List1.Text
        End If
```

```
        If List2.ListIndex >= 0 Then
            Form1.Text1.FontName = List2.List(List2. ? )
        End If
        Form2.Visible = ?
    End Sub
```

9．设计的窗体及其上面的控件如图 7-16 所示。程序运行时，若选中"累加"单选按钮，则"10"、"12"菜单项不可用，若选中"阶乘"单选按钮，则"1000"、"2000"菜单项不可用。选中菜单中的一个菜单项后，单击"计算"按钮，则相应的计算结果显示在文本框中（例如，选中"累加"和"2000"，则计算 1+2+3…+2000；选中"阶乘"和"10"，则计算 10!）。

10．如图 7-17 所示，新建一工程，工程中含有两个窗体 Form1 和 Form2。在程序运行时，只显示名为 Form2 的窗体，单击 Form2 上的"显示"（C2）按钮，则显示名为 Form1 的窗体；单击 Form1 上的"隐藏"（C1）按钮，则 Form1 窗体消失。

要求如下：

①设 Form2 为启动窗体；把 Form1 上按钮的标题改为"隐藏"，把 Form2 上按钮的标题改为"显示"。

②请将程序中的？改为正确的内容，使其实现上述功能，但不能修改程序中的其他部分。

```
    Private Sub C1_Click()
'       Form1.Visible = ?                    ***** false *****
    End Sub
    Private Sub C2_Click()
'       Form1.Visible = ?                    ***** true *****
    End Sub
```

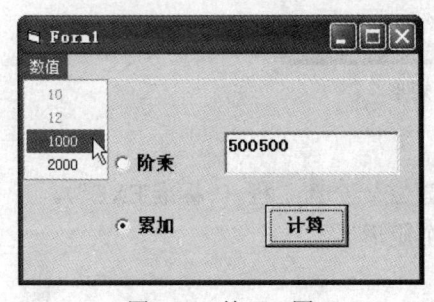

图 7-16　练习 9 图　　　　　　　　图 7-17　练习 10 图

第 8 章 图形操作

一、实验目的

1. 掌握 Visual Basic 的图形控件和图形方法。
2. 掌握自定义坐标系的方法。
3. 了解图形控件和绘图属性的用法。
4. 掌握常用几何图形绘制。

二、实验指导

例 8-1 使用 Line 方法，在窗体上画三个矩形方框，图形效果如图 8-1 所示。

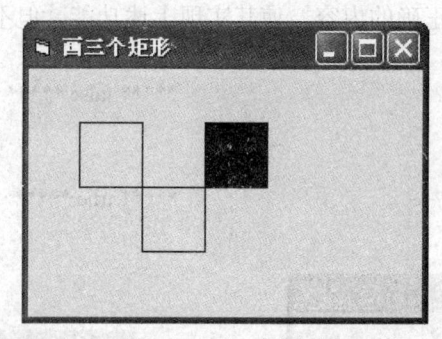

图 8-1 画三个矩形

设计步骤如下：

①选择"文件"菜单中的"新建工程"命令，建立一个新工程（"标准 EXE"）。
②设置窗体 Form1 的 Caption 属性值为"画三个矩形"。
③添加窗体 Form1 的 Click 事件代码如下：

```
Private Sub Form_Click()
    Form1.ForeColor = QBColor(1)              '窗体的前景色为蓝色
    Line (500, 500)-Step(600, 0)              '画第一个矩形
    Line -Step(0, 600):Line -Step(-600, 0):Line -Step(0, -600)
    Line (1100, 1100)-Step(600, 600), , B     '画第二个矩形
    Line (1700, 500)-(2300, 1100), , BF       '画第三个矩形，用前景色填充
End Sub
```

画第一个矩形是通过分别画矩形的四条边实现的。

④按下 F5 功能键，启动程序并观察效果。

例 8-2 在窗体上有三个按钮，单击不同按钮可以分别在窗体上画同心圆、椭圆和圆弧，图形效果如图 8-2 所示。

设计步骤如下：

①选择"文件"菜单中的"新建工程"命令，建立一个新工程（"标准 EXE"）。

②设置窗体 Form1 的 AutoRedraw 属性为 True，Height 和 Width 属性值分别为 2810 和 4550；在窗体中添加三个命令按钮 Command1～3，设置其 Left 属性值均为 120，并安排合理的布局。

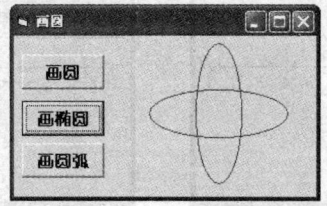

图 8-2 画同心圆、椭圆和圆弧

③添加命令按钮 Command1～3 的 Click 事件代码。

- "画圆"命令按钮 Command1 的 Click 事件代码

```
Private Sub Command1_Click()    '画圆
    Dim Xpos As Integer, Ypos As Integer
    Dim Limit As Integer, Radius As Integer
    Dim R As Integer, G As Integer, B As Integer
    ScaleMode = 3        '以像素 Pixel 为单位
    R = 255 * Rnd
    G = 255 * Rnd
    B = 255 * Rnd        '颜色为随机数
    Xpos = ScaleWidth / 1.5
    Ypos = ScaleHeight / 2
    If Xpos > Ypos Then Limit = Ypos Else Limit = Xpos
        '确定半径的最大值
    For Radius = 0 To Limit    '循环画出多个半径逐渐增大的同心圆
        Circle (Xpos, Ypos), Radius, RGB(R, G, B)    '窗体的中心为圆心
    Next Radius
End Sub
```

- "画椭圆"命令按钮 Command2 的 Click 事件代码

```
Private Sub Command2_Click()    '画两个垂直的椭圆
    Cls
    ScaleMode = 1        '以缇 Twip 为单位
    Circle (3000, 1100), 1000, vbRed, , , 1 / 3
    Circle (3000, 1100), 1000, vbRed, , , 3
End Sub
```

- "画圆弧"命令按钮 Command3 的 Click 事件代码

```
'在画圆弧时，需要将起点和终点的角度换算成弧度，公式为弧度=角度*180/π；
Private Sub Command3_Click()    '画圆弧
    Const PI = 3.1415926
    Cls
    ScaleMode = 1
    Circle (2800, 1100), 1000, vbRed, -PI / 6, -PI * 2
    Circle Step(300, -50), 1000, vbBlue, -PI * 2, -PI / 6
End Sub
```

例 8-3 设计如图 8-3 所示的界面，程序运行初始时，显示用户的坐标系统，如图 8-3 左图所示。单击不同的命令按钮，可使用 Line 或 Pset 方法画出 2 个周期的正弦曲线，如图 8-3 右图所示。

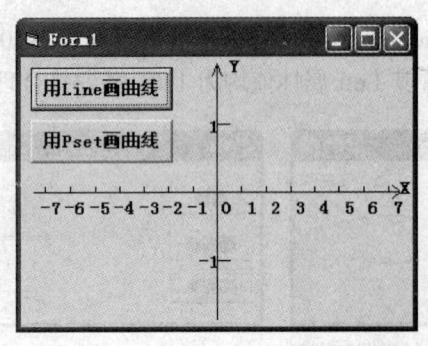

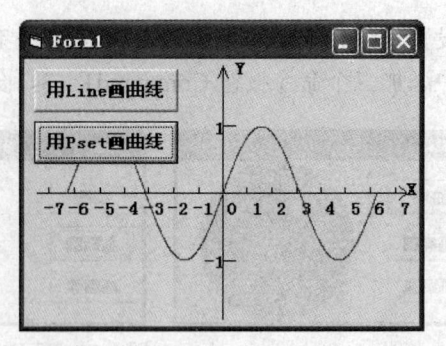

图 8-3 绘制正弦曲线

分析：
① 坐标系定义可采用 Scale 方法。由于要求坐标原点在屏幕中央，而要绘制的正弦曲线在 (-2π,2π) 之间，考虑到四周的空隙，故 X 轴的范围可定义在(-8,8)，Y 轴的范围可定义在(-2,2)之间，采用 Scale(-8,2)-(8,-2)定义坐标系。由于要求在程序运行初始时显示坐标系统，因此将画坐标系的代码放在窗体 Form1 的 Load 事件过程中。

② 坐标轴及箭头用 Line 方法画出。

③ 正弦曲线可用 Line 方法或 Pset 方法画出，为使曲线光滑，相邻两点的间距应适当小。本题用 Line 方法绘制正弦曲线，相邻两个 X 点的间距取 0.01。

实验步骤如下：

① 选择"文件"菜单中的"新建工程"命令，建立一个新工程（"标准 EXE"）。

② 在窗体 Form1 左上角适当位置上添加两个命令按钮 Command1～2，其 Caption 属性分别设置为"用 Line 画曲线"和"用 Pset 画曲线"，并安排合理的布局。

③ 编写窗体 Form1 和命令按钮 Command1～2 的相关事件代码。

- "用 Line 画曲线"命令按钮（Command1）的 Click 事件代码

```
Private Sub Command1_Click()    '用 Line 画曲线
    CurrentX = -6.283: CurrentY = 0
    For I = -6.283 To 6.283 Step 0.01
        x = I: y = Sin(I)
        Line -(x, y), QBColor(12)  '画点，红色
    Next I
End Sub
```

- "用 Pset 画曲线"命令按钮（Command2）的 Click 事件代码

```
Private Sub Command2_Click()    '用 Pset 画曲线
    CurrentX = -6.283: CurrentY = 0
    For I = -6.283 To 6.283 Step 0.01
        x = I: y = Sin(I)
        PSet (x, y), QBColor(12)   '画点，红色
    Next I
End Sub
```

- 窗体 Form1 的 Load 事件代码

```
Private Sub Form_Load()
    Cls
    Me.AutoRedraw = True
```

```
Form1.Scale (-8, 2)-(8, -2)                    '定义坐标系
Line (-7.5, 0)-(7.5, 0): Line (0, 1.9)-(0, -1.9)    '画 X 轴与 Y 轴
CurrentX = 7.5: CurrentY = 0.2: Print "X"
CurrentX = 7.5: CurrentY = 0.2: Line (7.2, 0.1)-(7.5, 0): Line (7.2, -0.1)-(7.5, 0)   '画箭头
CurrentX = 0.5: CurrentY = 2: Print "Y"
CurrentX = 0.5: CurrentY = 5: Line (0, 1.9)-(0.2, 1.7): Line (0, 1.9)-(-0.2, 1.7)     '画箭头
For I = -7 To 7         '在 X 轴上标记坐标刻度,线长 0.1
    Line (I, 0)-(I, 0.1)
    CurrentX = I - 0.2: CurrentY = -0.1: Print I
Next I
For I = -1 To 1         '在 Y 轴上标记坐标刻度
    If I <> 0 Then
        CurrentX = -0.7: CurrentY = I + 0.1: Print I
        Line (0.5, I)-(0, I)
    End If
Next I
End Sub
```

三、实验练习

1. 如图 8-4 所示,窗体上有一个由直线 Line1、Line2 和 Line3 组成的三角形,直线 Line1、Line2 和 Line3 的坐标值如表 8-1 所示。

表 8-1 坐标值

名称	X1	Y1	X2	Y2
Line1	600	1200	1600	300
Line2	600	1200	2600	1200
Line3	1600	300	2600	1200

图 8-4 练习 1 图

要求画一条直线 Line4 以构成三角形的高,且该直线的初始状态为不可见。再画两个命令按钮,名称分别为 Cmd1、Cmd2,标题分别为"显示高"、"隐藏高",如图 8-4 所示。

请编写适当的事件过程使得在运行时,单击"显示高"按钮,则显示三角形的高;单击"隐藏高"按钮,则隐藏三角形的高。

注意:要求程序中不得使用变量,每个事件过程只能写一条语句,不得修改已经存在的控件,直线的坐标(X1,Y1)和(X2,Y2)没有特殊要求,一般情况下可通过属性窗口设定。

2. 如图 8-5 所示,运行程序时,按下鼠标左键,并在窗体上拖动鼠标时,沿鼠标移动轨

迹可在窗体上画出一系列圆。

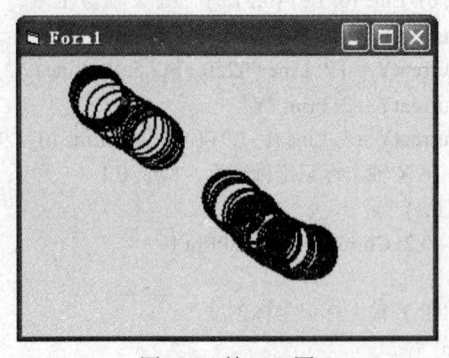

图 8-5　练习 2 图

下面给出了窗体的相关事件代码，程序不完整，要求把程序中的？改为正确的内容。

```
Dim Flag As   ?
Private Sub Form_Load()
    DrawWidth = 2
End Sub
Private Sub Form_MouseDown(Button As Integer, Shift As Integer, X As Single, Y As Single)
    If Button = 1 Then
        Flag = True
    End If
End Sub
Private Sub Form_?(Button As Integer, Shift As Integer, X As Single, Y As Single)
    If Flag Then
        ? (X, Y), 300
    End If
End Sub
Private Sub Form_MouseUp(Button As Integer, Shift As Integer, X As Single, Y As Single)
    If Button = 1 Then
        Flag =?
    End If
End Sub
```

3．如图 8-6 所示，设计一程序，自定义一个坐标系并显示该坐标系，范围为(-110, 110)-(110, -110)。

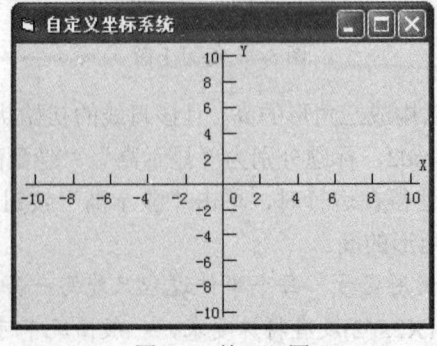

图 8-6　练习 3 图

4. 如图 8-7 所示，其窗体上有一个圆，相当于一个时钟，当程序运行时通过窗体的 Activate 事件过程在圆上产生 12 个刻度点，并完成其他初始化工作；另有长、短两条（红色、蓝色）直线，名称分别为 Line1 和 Line2，表示两个指针。当程序运行时，单击"开始"按钮，则每隔 0.5 秒 Line1（长指针）顺时针转动一个刻度，Line2（短指针）顺时针转动 1/12 个刻度（即长指针转动一圈，短指针转动一个刻度），单击"停止"按钮，两个指针停止转动。

图 8-7 练习 4 图

提示：程序中的符号常量 x0、y0 是圆心到窗体左上角的距离，radius 是圆的半径。Line1 和 Line2 的(X1,Y1)和(X2,Y2)属性值如表 8-2 所示。

表 8-2 属性设置

名称	X1	Y1	X2	Y2
Line1	1200	1200	1800	1920
Line2	1200	1200	1920	840

注意：不能修改程序中的其他部分和控件的属性。

下面给出了窗体及控件的事件代码，但程序不完整，要求把程序中的?改为正确的内容。

```
Const x0 = 1200, y0 = 1200, radius = 1000
Dim a, b, len1, len2
Private Sub Command1_Click()
    Timer1.Enabled = True
End Sub
Private Sub Command2_Click()
    ?
End Sub
Private Sub Form_Activate()
    For k = 0 To 359 Step ?
        x = radius * Cos(k * 3.14159 / 180) + ?
        y = y0 - radius * Sin(k * 3.14159 / 180)
        Form1.Circle (x, y), 20
    Next k
    a = 90
    b = 90
    len1 = Line1.Y1 - Line1.Y2
    len2 = Line2.Y1 - Line2.Y2
```

```
            End Sub
            Private Sub Timer1_Timer()
                a = a - 30
                Line1.X2 = len1 * Cos(a * 3.14159 / 180) + x0
                Line1.? = y0 - len1 * Sin(a * 3.14159 / 180)
                b = ? - 30 / 12
                Line2.X2 = len2 * Cos(b * 3.14159 / 180) + x0
                Line2.Y2 = y0 - len2 * Sin(b * 3.14159 / 180)
            End Sub
```

5. 如图 8-8 所示，窗体上有三条直线，是一个数组，数组的名称为 Line1。在运行时，用鼠标单击其中一条线的任何位置，则以单击的点附近为起始点，画一个正弦曲线；若鼠标单击在直线之外，则不画正弦曲线。

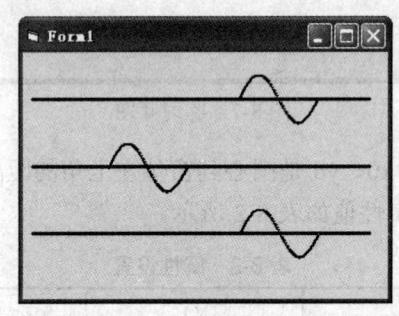

图 8-8 练习 5 图

下面给出了实现功能所需的程序代码，但程序不完整，请把程序中的 ? 改为正确的内容。文件中的 Drawsin 过程的作用是画一条正弦曲线，可以直接调用。

```
            Sub Drawsin(X, Y)
                Dim y1 As Integer, x1 As Integer
                For x1 = X To X + 1000 Step 5
                    y1 = Y - Int(300 * Sin((x1 - X) * 3.14 / 500))
                    Circle (x1, y1), 8
                Next x1
            End Sub
            Private Sub Form_MouseDown(Button As Integer, Shift As Integer, X As Single, Y As Single)
                Dim k As Integer
                For k = ? To 2                                          ***** 0 *****
                    If  Y > Line1(k).y1 - 20 And Y < Line1(k).? + 20   Then ' 单击的点附近为起始点
                        Call drawsin(?, Y)
                    End If
                Next k
            End Sub
```

6. 试设计一个窗体，并为窗体编写如下的事件代码，观察程序运行时出现的效果。

```
            Private Sub Form_Paint()
                Dim x As Integer
                Dim y As Integer
                DrawWidth = 10
                FillStyle = 0
```

```
        DrawMode = 7
        For x = 50 To 8000
            y = 1200 * Sin(x * 3.14 / 1800) + 1300
            Circle (x, y), 50, vbCyan
            Circle (x, y), 50, vbCyan
        Next x
    End Sub
```

7. 如图 8-9（a）所示，窗体上有个钟表图案，其中代表指针的直线的名称是 Line1，还有一个名称为 Label1 的标签。在运行时，若用鼠标左键单击圆的边线，则指针指向鼠标单击的位置，如图 8-9（b）所示；若用鼠标右键单击圆的边线，则指针恢复到起始位置，如图 8-9（a）所示；若用鼠标左键或右键单击其他位置，则在标签上显示"鼠标位置不对"。

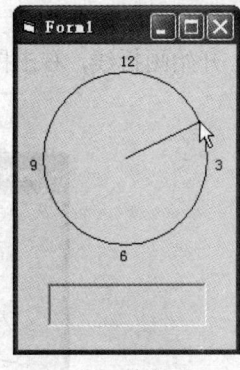

（a）单击前　　　　　　　　　　（b）单击后

图 8-9　练习 7 图

下面给出了窗体有关事件和函数程序代码，但程序不完整，请把程序中的？改为正确的内容。其中，程序中的 oncircle 函数的作用是判断鼠标单击的位置是否在圆的边线上（判断结果略有误差），是则返回 True，否则返回 False。符号常量 x0、y0 是圆心距窗体左上角的距离；符号常量 radius 是圆的半径。

```
    Private Sub Form_Activate()    '画圆及其时间标志
        Circle (1300, 1310), 1000
        CurrentX = 1250 : CurrentY = 100
        Print "12"
        CurrentX = 1250 : CurrentY = 2350
        Print "6"
        CurrentX = 2400 : CurrentY = 1310
        Print "3"
        CurrentX = 150 : CurrentY = 1310
        Print "9"
        Label1 = "请在圆上单击"
    End Sub
    Private Sub Form_MouseDown(Button As Integer, Shift As Integer, X As Single, Y As Single)
        Const LEFT_BUTTON = 1
        If oncircle(X, Y) Then
            Line1.X1 = x0
```

```
                Line1.Y1 = y0
                If Button = LEFT_BUTTON Then
                    Line1.X2 = X
                    Line1.Y2 = ?
                Else
                    Line1.X2 = Line1.?
                    Line1.Y2 = y0 - ?
                End If
                Label1.Caption = ""
            Else
                ? = "鼠标位置不对"
            End If
        End Sub
```

8. 如图 8-10 所示，窗体上有一个图片框 Picture1，大小刚好铺满整个窗体。程序运行时，单击鼠标左键，开始画折线，右击鼠标本次画线结束；再在其他位置单击鼠标左键，开始第二次画折线。

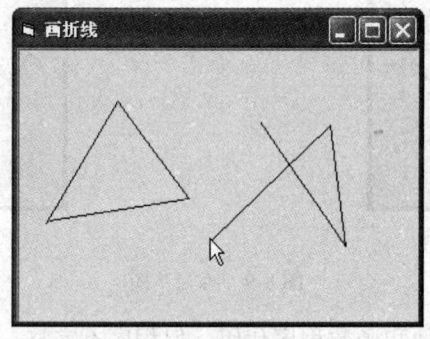

图 8-10　练习 8 图

编写如下的事件过程，可在图片框中画折线，但程序不完整，请把程序中的？改为正确的内容。

```
        Dim x1, y1, x2, y2 As Integer  'x1, y1, x2, y2 表示折线的起始终止坐标点
        Dim p As Integer        'p 表示画线是否结束
'***以下是窗体 Form1 的 Load 事件代码***
        Private Sub Form_Load()
            p = 0
        End Sub
'***以下是图片框 Picture1 的 MouseDown 事件代码***
        Private Sub Picture1_?(Button As Integer, Shift As Integer, X As Single, Y As Single)
            If Button = 2 Then
                p = 0
            Else
                If p = 0 Then
                    x1 = X
                    y1 = ?
                    p = 1
                Else
```

```
                x2 = X
                y2 = Y
                Picture1.?
                x1 = x2
                y1 = ?
            End If
        End If
    End Sub
```

9. 如图 8-11 所示，窗体上有一个图片框 Picture1、一个计时器 Timer1 和一个命令按钮 Command1。采用 Picture 的 PSet 方法绘制，具体实现如下：

①在 Picture1 中设置合适的坐标系。

②用 SavePicture 保存绘制的曲线。

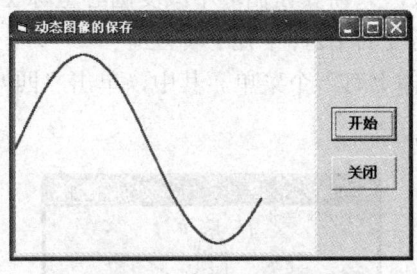

图 8-11 练习 9 图

窗体及主要控件的相关事件代码如下：

```
Const pi! = 3.142
Private Sub Command1_Click()
    'Picture1.Cls '清屏重画
    Timer1.Enabled = True
    Picture1.BackColor = &H80000009    '图片框的背景颜色
    Picture1.DrawWidth = 2
    Picture1.Refresh
    Timer1.Interval = 2    '每 2 毫秒发生一次 Timer 事件
End Sub
Private Sub Form_Load()
    Picture1.Scale (0, 50)-(400, -50)
End Sub
Private Sub Timer1_Timer()
    Static x!
    Dim A!, y!
    A = 45
    x = x + 0.1
    y = A * Sin(x * pi / 180)
    Picture1.PSet (x, y), vbRed
    If x >= 400 Then
        SavePicture Picture1.Image, "d:\sin.bmp" '保存图画，可以根据实际需要命名图片
        x = 0
        Timer1.Interval = 0
```

```
        End If
    End Sub
```
10. 用 Circle 方法绘制如图 8-12 所示的螺旋环。

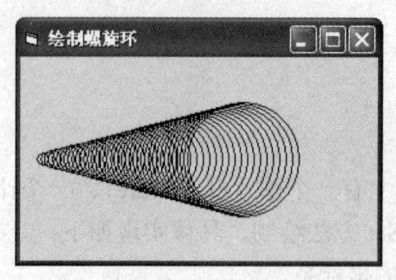

图 8-12　练习 10 图

提示：绘制的圆由小到大，只需要在循环中改变圆心坐标 x 和半径 r，圆心的另一坐标 y 可保持不变，例如，取窗体高度的 1/2，半径 r 取 x/2。

11. 如图 8-13 所示，窗体上有一个菜单。其中，单击"四叶"和"六叶"菜单可分别绘制用四叶和六叶玫瑰花。

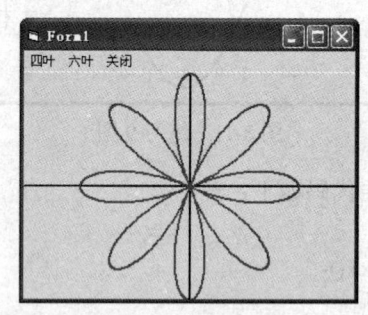

图 8-13　练习 11 图

提示：四叶和六叶玫瑰花的参数方程如下：

$x = r\cos 2\alpha \cos \alpha$　　　　$x = r\cos 4\alpha \cos \alpha$
$y = r\cos 2\alpha \sin \alpha$　和　$y = r\cos 4\alpha \sin \alpha$

其中，$\alpha \in 0 \sim 2\pi$，r 为半径，取窗体高度（或宽度）的一半。

12. 等分圆周，如图 8-14 所示。把一个半径为 r 的圆周等分为 n 份后，用直线 Line 将这些点和圆心相连。

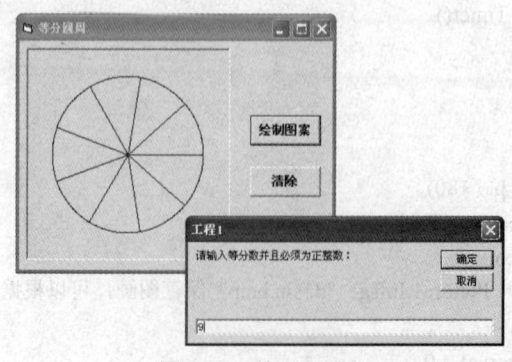

图 8-14　练习 12 图

提示：在一个半径为 r 的圆周上，第 i 个等分点的坐标为：$x_i = r*\cos(i*t) + x_0$，$y_i = r*\sin(i*t) + y_0$。其中，t 为等分角，(x_0, y_0) 为圆心坐标，r 为圆半径。

编写如下的事件过程，可在图片框中画出图案，但程序不完整，请把程序中的 ? 改为正确的内容。

```
Const Pi = 2 * 3.14
Private Sub Command1_Click()
    Dim x As Single, y As Single, α, r As Single
    Dim n, i As Integer
    Picture1.Scale (-4, 4)-(4, -4)
    r = 3
    For α = 0 To Pi Step 0.01    '画圆
        y = r * Sin(α)
        ?
        Picture1.PSet (x, y)
    Next
    n = InputBox("请输入等分数并且必须为正整数：")
    For i = 0 To n - 1
        y = r * Sin(i * Pi / n)
        x = r * Cos(i * Pi / n)
        ?                         '用直线将等分点和圆心相连
    Next
End Sub
Private Sub Command2_Click()
    ?    '清除图案
End Sub
```

13. 如图 8-15 所示，用 Line 方法在屏幕上随机产生 20 条长度（长度不超过所在容器的尺寸）、颜色、宽度各异的随机直线。

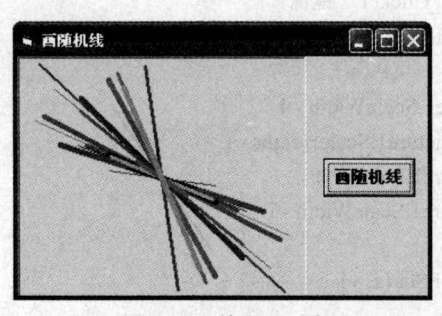

图 8-15　练习 13 图

编写如下的事件过程，可在图片框中画出图案，但程序不完整，请把程序中的 ? 改为正确的内容。

```
Private Sub Command1_Click()
    Dim r%, g%, b%
    Picture1.Scale (-80, 50)-(80, -50)
    Picture1.Cls
    Randomize
    For i = 0 To 19
```

```
                r = Int(Rnd * 256)
                ?
                b = Int(Rnd * 256)
                Picture1.DrawWidth = (i Mod 5) + 1
                Picture1.ForeColor = i
                ?
                y = Int(Picture1.ScaleHeight / 2 * Rnd)
                Picture1.Line (x, y)-(-x, -y), RGB(?)
            Next
        End Sub
```

14. 如图 8-16 所示，对图片框 Picture1 中的图片进行关于 Y 轴的镜像处理并在图片框 Picture2 中显示出来。

图 8-16 练习 14 图

提示：首先保证两个图片框大小一致，然后用 Point 方法获取图片框 Picture1 中的彩色图片的一点颜色值，并按照镜像方式用 Pset 方法填充到图片框 Picture2 中去。

```
        Private Sub Form_Load()
            Picture1.ScaleMode = 3
            Picture2.ScaleMode = 3
        End Sub
        Private Sub Command1_Click()    '镜像
        Dim c As Long, x As Integer, y As Integer
            Picture2.Cls
            For i = 0 To Picture1.ScaleWidth - 1
                For j = 0 To Picture1.ScaleHeight - 1
                    c = Picture1.Point(i, j)
                    x = Picture1.ScaleWidth - i
                    y = j
                    Picture2.PSet (x, y), c
                Next j
            Next i
        End Sub
```

第9章 文件操作

一、实验目的

1. 掌握驱动器列表框、目录列表框和文件列表框的使用方法。
2. 掌握如何将驱动器列表框、目录列表框和文件列表框关联起来。
3. 掌握顺序文件和随机文件的读写操作。
4. 掌握常用文件函数和文件命令的使用方法。

二、实验指导

例 9-1 在窗体上建立一个磁盘驱动器列表框 Drive1、目录列表框 Dir1、文件列表框 File1、图像框 Image1，运行时选择 File1 中所列的图片文件，则相应图片显示在图像框 Image1 中，程序运行效果如图 9-1 所示。

图 9-1 驱动器列表框、目录列表框和文件列表框的使用

设计步骤如下：

① 选择"文件"菜单中的"新建工程"命令，建立一个新工程（"标准 EXE"）。

② 在窗体中添加一个驱动器列表框 Drive1、一个目录列表框 Dir1、一个文件列表框 File1、一个图像框 Image1 和三个标签 Label1~3。设置好各控件的属性，调整各控件的位置与布局。

③ 添加有关窗体和控件的事件代码。

- 窗体 Form1 的 Load 事件代码

```
Private Sub Form_Load()
    Drive1.Drive = "c:\"           '设置 Drive1 的初始盘符
    File1.Pattern = "*.bmp;*.pif;*.jpg"   '设置 File1 的文件显示模式
    Image1.Stretch = True
End Sub
```

- 磁盘驱动器列表框 Drive1 的 Change 事件代码

```
Private Sub Drive1_Change()
    Dir1.Path = Drive1.Drive  '使 Dir1 与 Drive1 同步改变
```

End Sub
- 目录（文件夹）列表框 Dir1 的 Change 事件代码
  ```
  Private Sub Dir1_Change()
      File1.Path = Dir1.Path    'File1 与 Dir1 同步改变
  End Sub
  ```
- 文件列表框 File1 的 Change 事件代码
  ```
  Private Sub File1_Click() '单击文件列表选项，加载图片
      Dim filenamestr As String
      If Right(File1.Path, 1) = "\" Then
          filenamestr = Form1.File1.Path + Form1.File1.filename
      Else
          filenamestr = Form1.File1.Path + "\" + Form1.File1.filename
      End If
      Image1.Picture = LoadPicture(filenamestr$)
  End Sub
  ```

例 9-2 在例 9-1 的基础上编制一个文本浏览器，程序运行效果如图 9-2 所示。

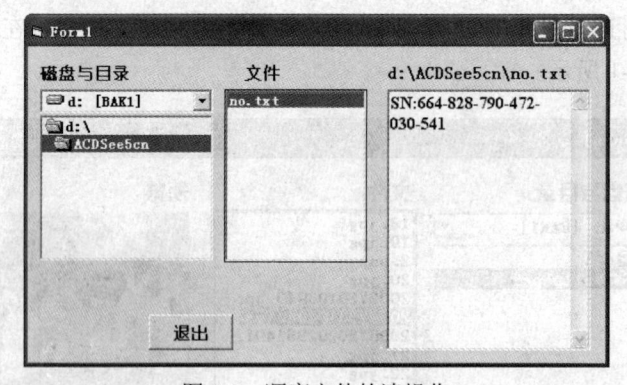

图 9-2 顺序文件的读操作

分析：通过驱动器控件、目录控件和文件控件的组合使用，选择需要显示的源文件，并将文本文件内容显示在文本框中。

设计步骤如下：

① 打开例 9-1 所创建的工程，并将工程及其他所需文件保存到另一个文件夹中。

② 将窗体中的图像框 Image1 删除，另添加一个文本框 Text1。文本框 Text1 的 Text 属性值为空，MultiLine 属性值为 true，Scrollbars 属性值为 2-Vertical。

③ 添加有关窗体和控件的事件代码。

- 窗体 Form1 的 Load 事件代码
  ```
  Private Sub Form_Load()
      Drive1.Drive = "c:\"           '设置 Drive1 的初始盘符
      File1.Pattern = "*.c;*.txt"    '设置 File1 的文件显示模式
      Image1.Stretch = True
  End Sub
  ```
- 文件列表框 File1 的 Change 事件代码
  ```
  Private Sub File1_Click() '单击文件列表选项，加载内容
      If Right(Dir1.Path, 1) <> "\" Then
  ```

```
            Label3.Caption = Dir1.Path & "\" & File1.FileName
        Else
            Label3.Caption = Dir1.Path & File1.FileName
        End If
        If File1.FileName <> "" Then
            Open Label3.Caption For Input As #1
            Do While Not EOF(1)
                Line Input #1, a
                Text1.Text = Text2.Text & a & vbCrLf
            Loop
            Close #1
        End If
    End Sub
```

窗体及其他控件的有关事件代码同例 9-1，这里不再列出。

例 9-3 在应用程序窗体上建立三个名称分别为 Read、Calc 和 Save，标题分别为"读入数据"、"计算并输出"和"存盘"的菜单，然后添加一个文本框 Text1，设置 MultiLine 和 ScrollBars 属性分别为 True 和 2，如图 9-3 所示。

程序运行后，如果执行"读入数据"命令，则读入 datain1.txt 文件中的 100 个整数，并放入一个数组中，数组的下界为 1；单击"计算并输出"命令，则把该数组中下标为奇数的元素在文本框中显示出来，求出它们的和，并把所求得的和在窗体上显示出来；如果单击"存盘"按钮，则把所求得的和存入 dataout.txt 文件中。datain1.txt 文件中的数据如图 9-4 所示。

图 9-3 顺序文件的读和写操作

图 9-4 datain1.txt 文件中的数据

分析：本题涉及 VB 菜单编辑器的应用、数组的使用、子过程及函数过程的编写和调用、控件属性的设置、文件的读操作、文件的写操作、菜单项事件过程的编写等。

设计步骤如下：

①选择"文件"菜单中的"新建工程"命令，建立一个新工程（"标准 EXE"）。

②在窗体中添加三个菜单和一个文本框 Text1。菜单与文本框的属性依照题目要求进行设置，窗体和控件的其他属性均采用默认值。

③为菜单添加事件代码。

- "通用"代码段

```
Option Explicit
Option Base 1
```

```
Dim arr(100) As Integer
Dim sum As Integer
```
- ReadData 过程的程序代码
```
Sub ReadData()
    Dim i As Integer
    Open App.Path & "\" & "datain1.txt" For Input As #1
    For i = 1 To 100
        Input #1, arr(i)
    Next i
    Close #1
End Sub
```
- WriteData 过程的程序代码
```
Sub WriteData(Filename As String, Num As Integer)
    Open App.Path & "\" & Filename For Output As #1
    Print #1, Num
    Close #1
End Sub
```
- "计算并输出"菜单 Calc 的 Click 事件代码
```
Private Sub Calc_Click()
    Dim i As Long
    Text1.Text = ""
    sum = 0
    i = 1
    While i <= 100
        sum = sum + arr(i)
        Text1.Text = Text1.Text & " " & arr(i)
        i = i + 1
    Wend
    Text1.Text = Text1.Text & vbCrLf & "奇数之和是：" & sum
End Sub
```
- "读入数据"菜单 Read 的 Click 事件代码
```
Private Sub Read_Click()
    Call ReadData
End Sub
```
- "存盘"菜单 Save 的 Click 事件代码
```
Private Sub Save_Click()
    Call WriteData("dataout.txt", sum)
End Sub
```

例 9-4 如图 9-5 所示，建立一个用于记录的添加和读取的应用程序。当单击"添加"按钮时，能够连续地添加学生记录；单击"读取"按钮时，弹出"记录的读取"窗口，该窗口能够读取到文件中的任意一条记录，并且当记录号超出范围时报错。

分析：要添加随机文件中的记录，需要先找到最后一条记录的记录号，然后在其后添加一条新记录。当要读取指定记录号的记录时，应先判断记录号的合法性，然后再读出记录的内容。

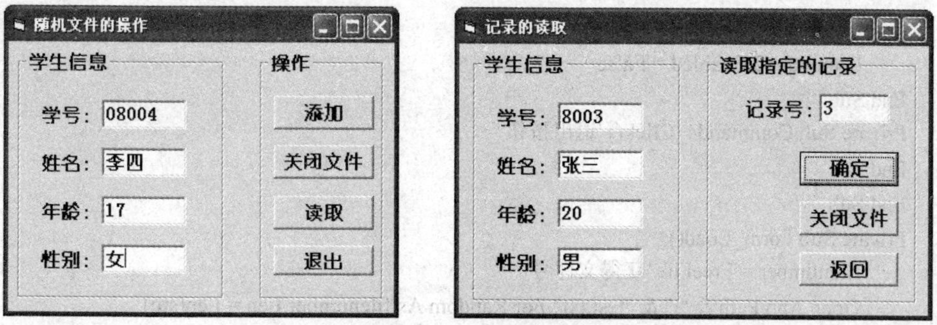

图 9-5 随机文件的读和写操作

设计步骤如下：

①选择"文件"菜单中的"新建工程"命令，建立一个新工程（"标准 EXE"）。

②单击"工程"菜单中的"添加工程"和"添加模块"命令，添加窗体 Form2 和模块 Module1。然后在窗体 Form1～2 中添加所需要的控件，各控件的属性一般采用默认值即可。

③添加相关的事件代码。

- 标准模块 Module1 的代码
```
Public Type student
    stu_id As Integer
    stu_name As String * 8
    stu_age As Integer
    stu_sex As String * 2
End Type '用户自定义数据类型
Public stu As student '定义记录型变量
Public num As Long, filenumber As Integer    '定义变量
```
- 窗体 Form1 及其控件事件代码
```
Private Sub Command1_Click() '添加按钮
    num = LOF(filenumber) / Len(stu) + 1 '最后一条记录的下一条
    If Text1 = "" Or Text2 = "" Or Text3 = "" Or Text4 = "" Then
        MsgBox "输入不能为空，请重新输入", , "输入数据"
    Else
        With stu
            .stu_id = Val(Text1)
            .stu_name = Text2
            .stu_age = Val(Text3)
            .stu_sex = Text4
        End With
        Put #filenumber, num, stu '在记录号为 num 的记录中写入数据
        Text1 = "": Text2 = "": Text3 = "": Text4 = ""
    End If
End Sub
Private Sub Command3_Click() '读取
    Form2.Show
End Sub
Private Sub Command2_Click() '关闭按钮
    Close #filenumber
```

```
        Command1.Enabled = False
        Command2.Enabled = False
    End Sub
    Private Sub Command4_Click() '退出按钮
    End
    End Sub
    Private Sub Form_Load()
        filenumber = FreeFile '获得文件号
        Open App.Path & "\" & "test.txt" For Random As filenumber Len = Len(stu)
        '打开指定的随机文件
    End Sub
    Private Sub Text1_Change()
        Command1.Enabled = True
        Command2.Enabled = True
    End Sub
```

- 窗体 Form2 及其控件事件代码

```
    Private Sub Command1_Click() '确定
        If Text5 = "" Then
            MsgBox "请输入要读取记录的记录号", , "读取出错"
            Exit Sub
        Else
            num = Val(Text5)
            If num > LOF(filenumber) / Len(stu) Or num <= 0 Then '判断记录号的合法性
                MsgBox "记录号超出范围,请重新输入"
                Text5 = ""
                Text5.SetFocus
                Exit Sub
            End If
            Get #filenumber, num, stu '读取指定记录号的记录
            Text1 = stu.stu_id:Text2 = stu.stu_name
            Text3 = stu.stu_age:Text4 = stu.stu_sex '显示记录
        End If
    End Sub
    Private Sub Command2_Click() '关闭文件
        Close #filenumber
        Command1.Enabled = False:Command2.Enabled = False
        Text5.Locked = True
    End Sub
    Private Sub Command3_Click() '返回
        Form1.Show : Unload Me
        Form1.Command1 = True:Form1.Command2 = True
    End Sub
    Private Sub Form_Load()
        filenumber = FreeFile
        CommonDialog1.ShowOpen
        Open CommonDialog1.FileName For Random As filenumber Len = Len(stu)
        '打开选定的随机文件
    End Sub
```

三、实验练习

1. 试设计出下面的界面，程序运行后，将输入的数据用 Print#语句使用标准紧凑格式写到文件"Order.txt"中。然后，用 Write#语句按同样要求将输入的数据写到文件中。程序运行界面和形成的文件效果如图 9-6 和图 9-7 所示。

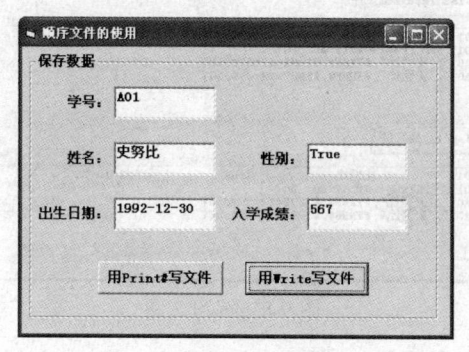

图 9-6 运行界面

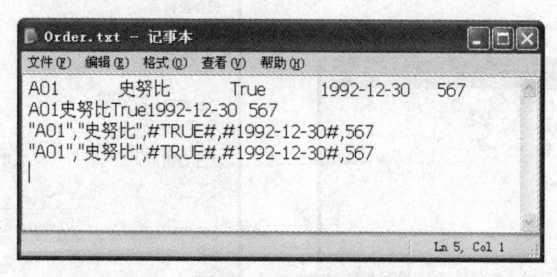

图 9-7 文件效果

提示："用 Print#写文件"命令按钮的 Click 事件代码如下：

```
Private Sub Command1_Click()
    Dim xh As String        '表示学号
    Dim xm As String        '表示姓名
    Dim xb As Boolean       '表示性别
    Dim csrq As Date        '表示出生日期
    Dim cj!                 '表示成绩
    Open App.Path & "\ Order.txt" For Append As #1
    xh = Text1: xm = Text2: xb = Text3: csrq = CDate(Text4): cj = Text5
    Print #1, xh, xm, xb, csrq, cj
    Print #1, xh; xm; xb; csrq; cj
    Close #1
End Sub
```

2. 分别使用 Input#、Line Input#语句和 Input()函数，将上题写入的数据读取出来，程序运行结果如图 9-8 所示。

3. 打开顺序文件"Order.txt"，删除文件中的前两行，并将第四行的内容做部分修改，保存并退出。修改后的文件内容如图 9-9 所示。然后，用 Input#语句读取第二行的数据，并将其内容显示在文本框中，如图 9-10 所示。

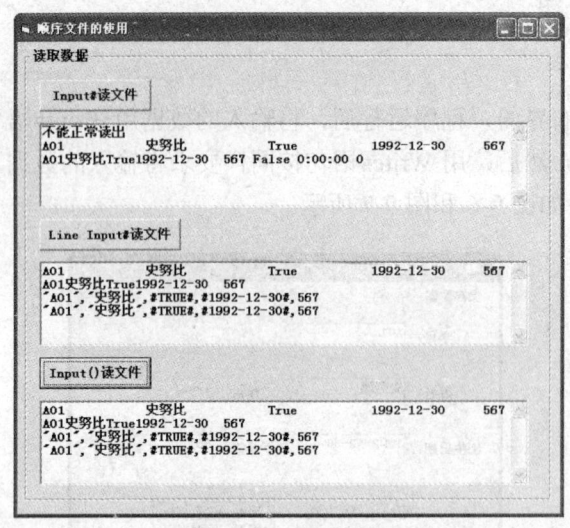

图 9-8　练习 2 图

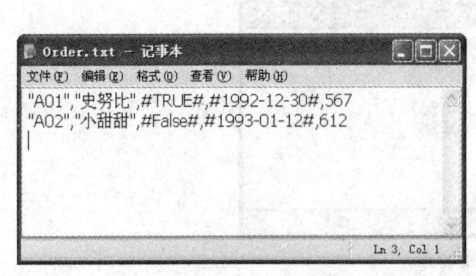

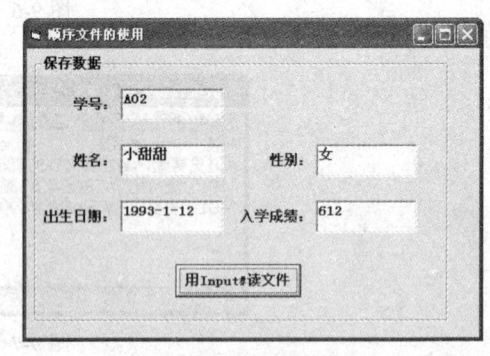

图 9-9　文件内容　　　　　　　　　图 9-10　运行效果

4. 将下面三条学生的记录，保存到随机文件 "Score.dat" 中。输入指定的记录号，可以将该记录读出，并逐项显示在相应的框中。其中，值 True 表示男生，False 表示女生。

　　　　"A01","史努比",#TRUE#,#1992-12-30#,567
　　　　"A02","小甜甜",#FALSE#,#1993-1-12#,612
　　　　"A03","米老鼠",#TRUE#,#1993-5-16#,589

程序设计界面和运行界面如图 9-11 和图 9-12 所示。

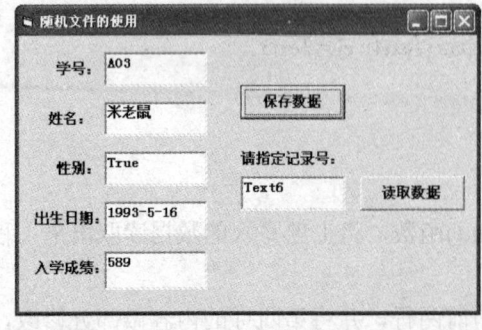

图 9-11　设计界面　　　　　　　　　图 9-12　运行界面

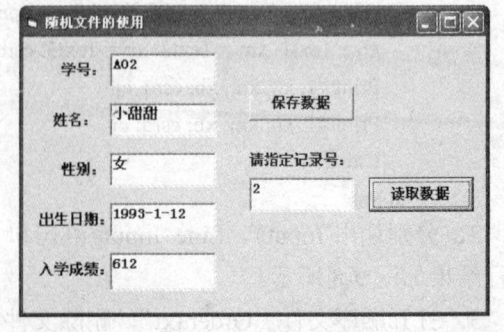

5. 有一个工程文件 sjt5.vbp，相应的窗体文件为 sjt5.frm，另当前工程所在目录中还有一

个名为 datain.txt 的文本文件，其内容如下：
32 43 76 58 28 12 98 57 31 42 53 64 75 86 97 13 24 35 46 57 68 79 80 59 37

程序运行后，单击窗体，将把文件 datain.txt 中的数据输入到二维数组 mat 中，在窗体上按五行、五列的矩阵形式显示出来，并输出矩阵左上－右下对角线上的数据，如图 9-13 所示。在窗体的代码窗口中，已给出了部分程序，但程序不完整，请将其补充完整，并能正确运行。

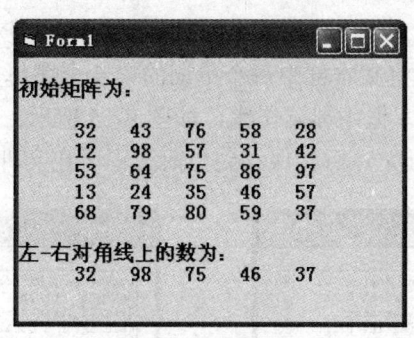

图 9-13　练习 5 图

要求：把程序中的?改为正确的内容，使其实现上述功能，但不能修改程序中的其他部分。
程序提供的代码如下：

```
Option Explicit
Option Base 1
Private Sub Form_Click()
    Const N = 5
    Const M = 5
    dim ?
    Dim I, j
    Open App.Path & "\" & "datain.txt" ? As #1
    For I = 1 To N
        For j = 1 To M
            ?
        Next j
    Next I
    Close #1
    Print
    Print "初始矩阵为："
    Print
    For I = 1 To N
        For j = 1 To M
            Print Tab(5 * j); mat(I, j);
        Next j
        Print
    Next I
    Print
    Print "左-右对角线上的数为："
    For I = 1 To N
        For j = 1 To M
```

```
            If   ? then print tab(5*j);mat(I,j);
         Next j
      Next I
   End Sub
```

6．试设计一个窗体，相应的窗体文件名为 sjt6.frm。窗体上有三个命令按钮 Command1～3，标题分别为"读取数据"、"首字母大写"和"存盘"。程序运行后，如果单击"读取数据"命令按钮，则读取当前工程所在文件夹下 in6.txt 中的全部文本（文本中的单词与单词之间或标点符号与单词之间均用一个空格分开），并在文本框中显示出来，如图 9-14 所示；如果单击"首字母大写"命令按钮，则将文本框中每个单词的第一个字母变为大写字母（如果原来已是大写字母则不改变），并在文本框中显示出来，如图 9-15 所示；如果单击"存盘"命令按钮，则把文本框中的内容（首字母大写后）保存到当前工程所在文件夹下的文件 out6.txt 中。

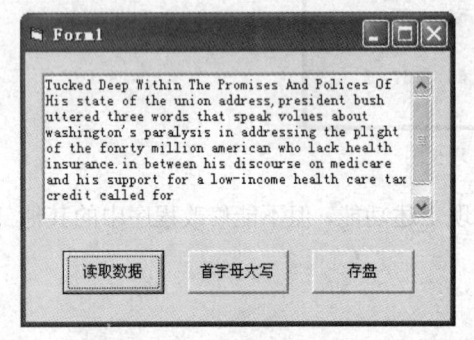

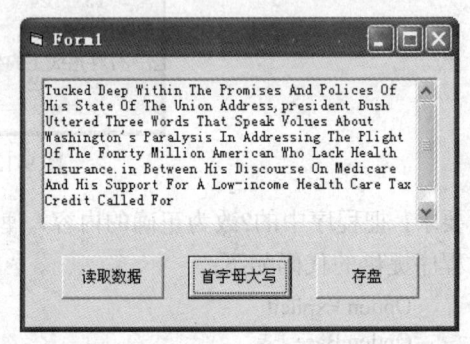

图 9-14　"读入文件"效果　　　　　图 9-15　"首字母大写"效果

7．如图 9-16 所示，试设计一个程序。运行程序后，分别从两个文件中读出 10 个数据（可自定义），放入两个一维数组 A、B 中。请编写程序，当单击"合并数组"按钮时，将 A、B 数组中相同下标的数组元素的值求和，并将结果存入数组 C。单击"找最大值"按钮时，调用自定义 Find 过程分别找出 A、C 数组中元素的最大值，并将找到的结果分别显示在 Text1、Text2 中。

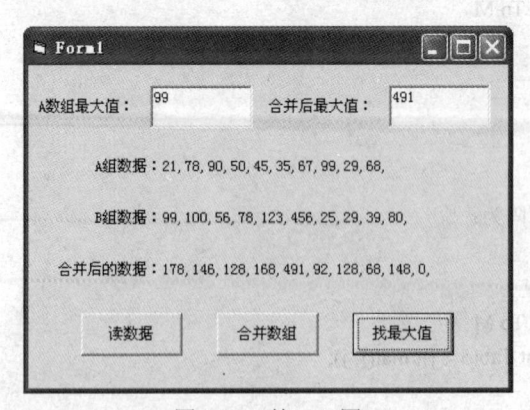

图 9-16　练习 7 图

8．如图 9-17 所示，窗体的功能是：

①单击"读取数据"按钮，则把当前工程所在文件夹下 in8.txt 文件中的 100 个正整数（可以自定义）读入数组 a 中，同时显示在 Text1 文本框中。

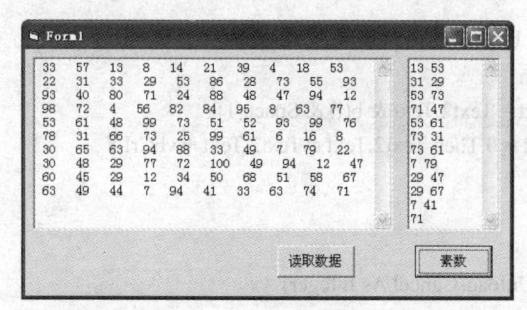

图 9-17 练习 8 图

②单击"素数"按钮，则将数组 a 中所有素数（只能被 1 和自身整除的数称为素数）存入数组 b 中，并将数组 b 中的元素显示在文本框 Text2 中。

上面给出了窗体及控件的有关事件代码，但程序不完整。要求：完善程序使其实现上述功能。

注意：不得修改窗体文件中已经存在的控件和程序，在结束程序运行之前，必须先执行"素数"操作，然后再用窗体右上角的关闭按钮结束程序，否则无成绩。最后，程序按原文件名存盘。

提示：设计思路如下：通过 For 循环逐一判断数组 a 的每一个元素是否是素数。判断 a(i) 是否是素数的思路是从 2 到 a(i)-1 依次去除 a(i)，若能整除的则不是素数；每找到一个素数，则将记录数组 b 元素个数的变量 num 增 1，并将当前数组元素 a(i) 的值赋予数组元素 b(num)，从而生成数组 b。当数组 b 生成后，将数组 b 的内容显示在文本框中。

程序如下：

```
Option Base 1
Dim a(100) As Integer, num As Integer
'其中 a(100)用于存放 100 个整数，num 表示素数的个数
Private Sub Command1_Click()
    Dim k As Integer
    Open App.Path & "\in8.txt" For Input As #1
    For k = 1 To 100
        Input #1, a(k)
        Text1 = Text1 + Str(a(k)) + Space(2)
        If k Mod 10 = 0 Then Text1 = Text1 + vbCrLf
    Next k
    Close #1
End Sub
Private Sub Command2_Click()
    Dim b(100) As Integer
    num = 0
    If Len(Text1.Text) = 0 Then
        MsgBox "请先执行""读数据""功能！"
    Else
'*******************************************
'读者编写（功能：生成存放素数的数组 b）的代码放在此处。
'注意：请务必将数组 b 的元素个数存入变量 num 中
'*******************************************
```

```
'以下程序段将 b 数组的内容显示在 Text2 中
    For i = 1 To num
        Text2.Text = Text2.Text & b(i) & Space(1)
        If i Mod 2 = 0 Then Text2.Text = Text2.Text + vbCrLf
    Next i
    End If
End Sub
Private Sub Form_Unload(Cancel As Integer)
    Open App.Path & "\out8.txt" For Output As #1
    Print #1, Text2.Text
    Close #1
End Sub
Private Sub Form_Load()
    Text1 = ""
    Text2 = ""
    Randomize
End Sub
```

9. 如图 9-18 所示，程序的功能是：单击"输入数据"按钮，则可输入一个整数 n（要求：8≤n≤12）；单击"计算"按钮，则计算 1!+2!+3!+…+n!，并将计算结果显示在文本框中；单击"存盘"按钮，则把文本框中的结果保存到当前工程所在目录下的 out9.dat 文件中。

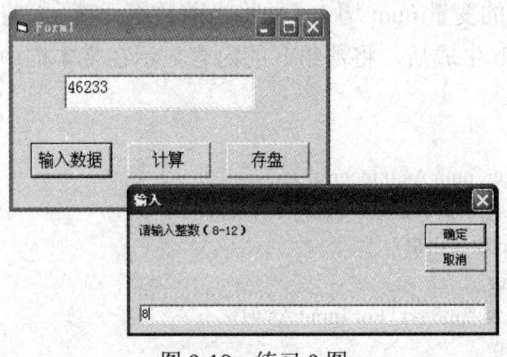

图 9-18 练习 9 图

下面给出了三个命令按钮的 Click 事件代码，但程序不完整，请把程序中的？改为正确的内容，并编写"计算"按钮的 Click 事件过程。注意：不得修改已经存在的内容和控件属性，在结束程序运行之前，必须用"存盘"按钮存储计算结果。

```
Dim n As Integer
Private Sub Command1_Click()
    n = Val(InputBox("请输入整数（8-12）", "输入"))
    If n > ? Or n < 8 Then
        MsgBox ("数据错误，请重新输入")
        Command2.Enabled = False
        Command3.Enabled = False
    Else
        Command2.Enabled = True
        Command3.Enabled = True
    End If
```

End Sub
Private Sub Command2_Click()
　　Dim s As Long, k As Integer
　　'*****读者应在此处编写所需程序*****

　　'*****读者应编写的程序到此结束*****
End Sub
Function f(n As Integer) As Long
　　s = ?
　　For k = 2 To n
　　　　s = s * k
　　Next
　　f = ?
End Function
Private Sub Command3_Click()
　　Open App.Path & "\out9.dat" For Output As #1
　　Print #1, n, Text1
　　Close #1
End Sub

10．程序运行时，单击"读入数据"按钮，可从文件 in10.txt 中读入数据放到数组 a 中；单击"计算"按钮，则计算 5 门课程的平均分（平均分取整），并依次放入 Text1 文本框数组中；单击"显示图形"按钮，则显示平均分的直方图，如图 9-19 所示。其中，在文件 in10.txt 中有 5 组数据，每组 10 个，依次代表 10 名学生语文、英语、数学、物理、化学这五门课程成绩，如图 9-20 所示。

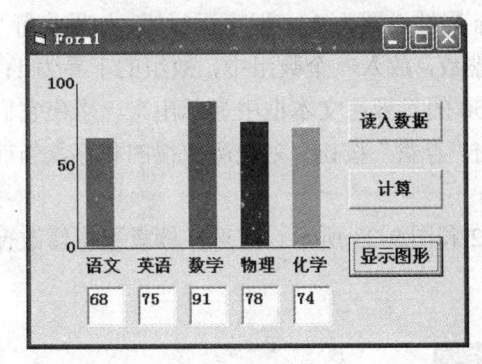

图 9-19　运行效果　　　　　　图 9-20　文件内容

下面给出了三个命令按钮的 Click 事件代码，但程序不完整，请把程序中的 ? 改为正确的内容，并编写"计算"按钮的 Click 事件过程。注意：不得修改已经存在的内容和控件属性，在结束程序运行之前，必须使用三个命令按钮各运行一次。

```
Option Base 1
Dim a(10, 5) As Integer
Dim s(5)
Private Sub Command1_Click()
    Open App.Path & "\in10.txt" For ? As #1
        For i = 1 To 10
            For j = 1 To 5
```

```
                    Input #1, a(i, j)
                Next j
            Next i
            Close #1
        End Sub
        Private Sub Command2_Click()
            For j = 1 To 5
                s(j) = 0
                For i = 1 To 10
                    s(j) = ?
                Next i
                ? = CInt(s(j) / 10)
                Text1(j - 1) = s(j)
            Next j
        End Sub
        Private Sub Command3_Click()
            For k = 1 To 5
                Shape1(k - 1).Height = s(k) * 20
                m = Line2.Y1
                Shape1(k - 1).Top = ? - Shape1(k - 1).Height
                Shape1(k - 1).? = True
            Next k
        End Sub
```

11. 如图 9-21 所示，新建一个工程，在窗体 Form1 上建立三个菜单（名称分别为 Read、Calc 和 Save，标题分别为"读入数据"、"计算并输出"和"存盘"），然后画一个文本框（名称为 Text1，MultiLine 属性设置为 True，ScrollBars 属性设置为 2）。程序运行后，如果执行"读入数据"命令，则读入 datain.txt 文件中的 100 个整数，放入一个数组中，数组的下界为 1；如果执行"计算并输出"命令，则把该数组中小于 50 的元素在文本框中显示出来，求出它们的和，并把所求得的和在窗体上显示出来；如果单击"存盘"按钮，则把所求得的和存入当前工程所在文件夹下的 dataout.txt 文件中。

datain.txt 和 dataout.txt 文件中的数据如图 9-22 和图 9-23 所示。注意：读者不得修改窗体文件中已经存在的程序。

图 9-21　运行效果　　　　图 9-22　输入文件　　　　图 9-23　输出文件

分析：首先按题目要求在窗体上画一个文本框，并分别将它们的相应属性按要求进行设置，按要求建立菜单。代码中提供的子函数 ReadData() 的功能是从"datain.txt"文件中读取数据赋给数组；WriteData() 的功能是向"dataout.txt"文件写计算结果；窗体变量 Sum 用于存储

求值之和。满足小于 50 的条件为"Arr(i)＜50",回车换行符为"Chr(13) & Chr(10)"或者"vbCrLf"。

下面给出了三个菜单命令的 Click 事件代码,但程序不完整,请把程序中的？改为正确的内容。

```
Option Base ?
Dim Arr(100) As Integer
Dim Sum As Integer '存储累加和
Sub ReadData()
    Open App.Path & "\" & "datain.txt" For ? As #1
        For i = 1 To 100
            Input #1, ?
        Next i
    Close #1
End Sub


Sub WriteData(Filename As String, Num As Integer)
    Open App.Path & "\" & ? For Output As #1
        Print #1, Num
    Close #1
End Sub


Private Sub Calc_Click()
    Sum = 0
    For i = 1 To 100
    If Arr(i) < ? Then
        Text1.Text = Text1.Text & CStr(Arr(i)) & ?
        Sum = Sum + Arr(i)
    End If
    Next i
    Print Sum
End Sub


Private Sub Form_Load()
    Text1 = ""
End Sub


Private Sub Read_Click()
    Call ReadData
End Sub


Private Sub Save_Click()
    Call WriteData("dataout.txt", Sum)
End Sub
```

第 10 章 数据库应用

一、实验目的

1. 理解数据库的基本概念。
2. 掌握常用数据控件的基本用法。
3. 了解数据报表的设计方法。
4. 了解一个应用程序系统的总体设计，初步掌握开发一个应用程序的完整步骤。
5. 掌握应用程序的打包与发布方法。

二、实验指导

例 10-1 现有数据库"商品管理.mdb"，该数据库有"部门.dbf"和"商品.dbf"两张数据表，其关系如图 10-1 所示。

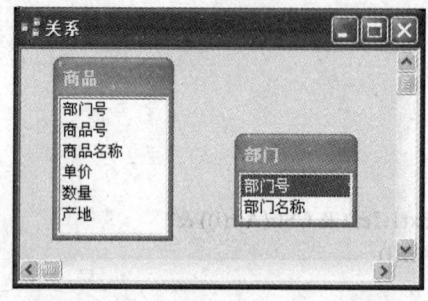

图 10-1 "商品管理.MDB"数据库

"部门.dbf"和"商品.dbf"数据表中的部分数据如图 10-2 和图 10-3 所示。

图 10-2 商品.dbf 及部分数据　　　　　图 10-3 部门.dbf 及部分数据

试利用 VB 的"外接程序"→"可视化数据管理器"工具创建"商品管理.mdb"。

操作步骤如下：

①在用户 D 盘中，创建文件夹 Test10-1，并在该文件夹创建一个 DATA 子文件夹。然后，选择"文件"菜单中的"新建工程"命令，建立一个新工程（"标准 EXE"）。单击"标准"工

具栏中的"保存工程"按钮,将该工程以 cx 为文件名保存到文件夹 Test10-1。

②单击"外接程序"菜单中的"可视化数据管理器"命令,打开如图 10-4 所示的 VisData 窗口。

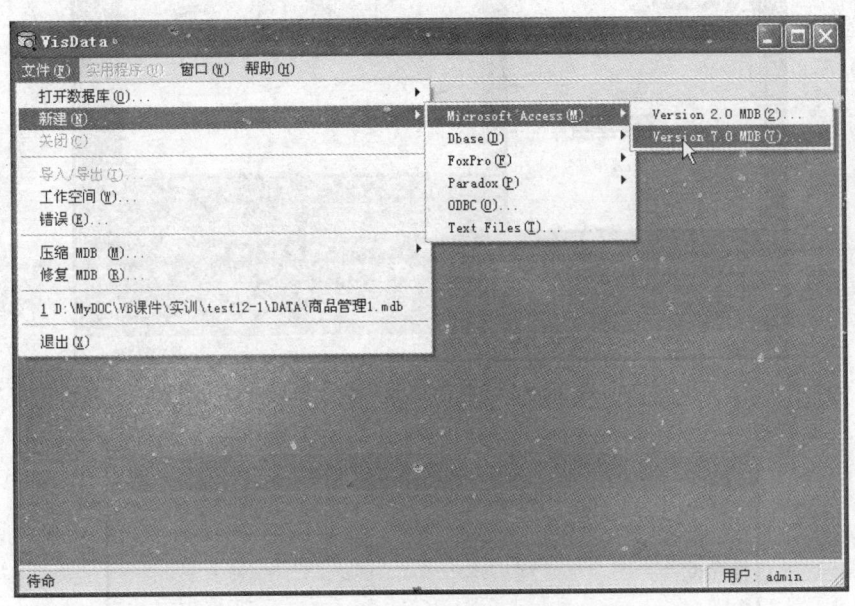

图 10-4　VisData 数据库管理器窗口

③依次单击"文件"→"新建"→"Microsoft Access"→"Version 7.0 MDB"命令,打开"选择要创建的 Microsoft Access 数据库"对话框,如图 10-5 所示。

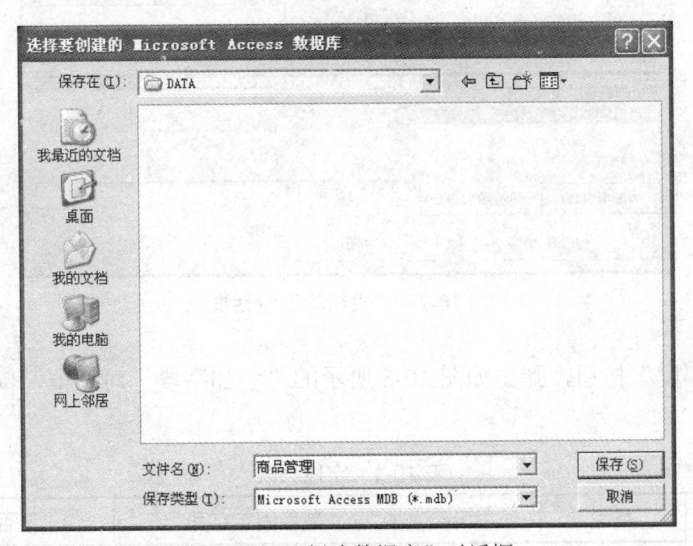

图 10-5　"创建数据库"对话框

④在对话框中的"文件名"处输入要创建的数据库名:商品管理。单击"保存"按钮,弹出如图 10-6 所示的"商品管理.mdb"窗口。

⑤在"数据库"窗口中,单击右键,选择快捷菜单中的"新建表"命令,打开如图 10-7 所示"表结构"对话框。

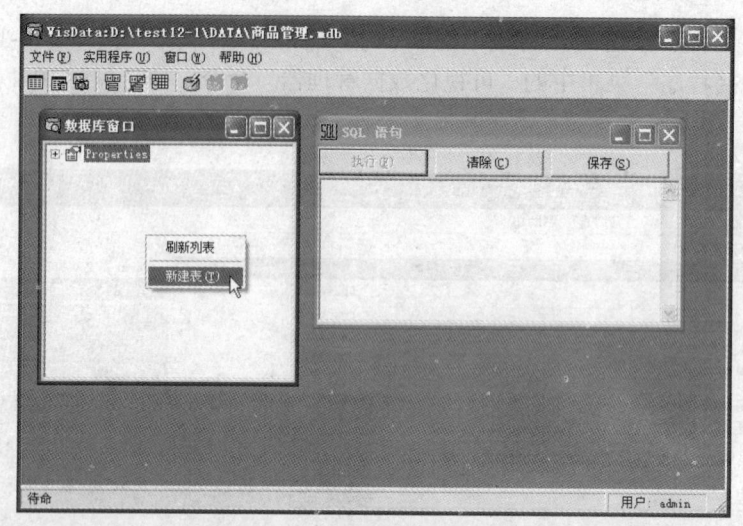

图 10-6 "商品管理.mdb"窗口

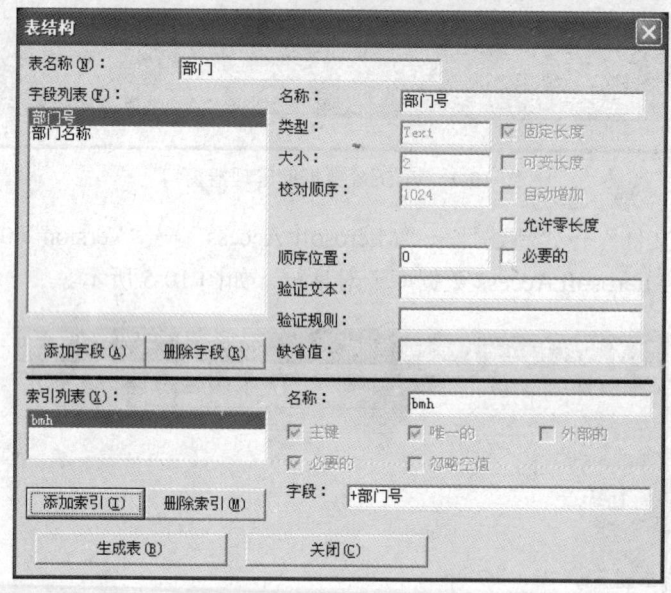

图 10-7 "表结构"对话框

单击"添加字段"按钮,弹出如图 10-8 所示的"添加字段"对话框,依次添加如表 10-1 所示字段。

表 10-1 字段列表

名称	类型	大小	是否固定字段	是否允许零长度
部门号	Text	2	是	否
部门名称	Text	18	是	是

单击"添加索引"按钮,弹出如图 10-9 所示的"添加索引"对话框。添加"名称"为"bmh"的主索引。

最后,单击"表结构"对话框中的"生成表"按钮,生成"部门"表。

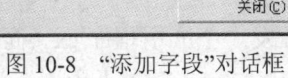

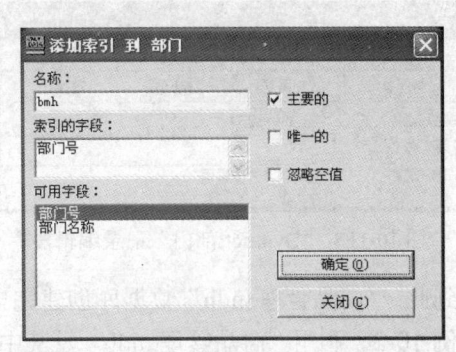

图 10-8 "添加字段"对话框　　　　图 10-9 "添加索引"对话框

同样地，可创建"商品"表，其结构如表 10-2 所示。

表 10-2　"商品"表

名称	类型	大小	是否固定字段	是否允许零长度
部门号	Text	2	是	否
商品号	Text	4	是	是
商品名称	Text	12	是	是
单价	Single		是	是
数量	Integer		是	是
产地	Text	6	是	是

至此，在"数据库"窗口中，出现了两张创建的数据表，如图 10-10 所示。

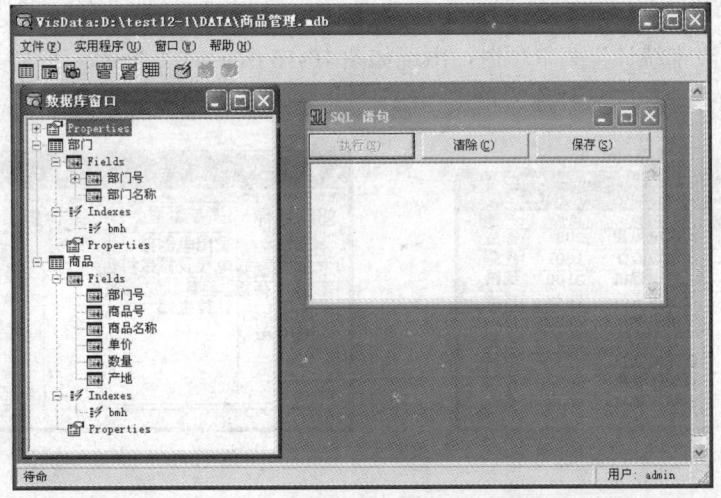

图 10-10　具有"表结构"信息的"数据库"窗口

⑥在"部门"表上右击鼠标，弹出快捷菜单，选择"打开"命令，出现如图 10-11 所示的"Dynaset:部门"记录编辑器窗口。

单击"添加"按钮，打开如图 10-12 所示添加新记录窗口。输入完一条记录信息后，单击"更新"按钮，可在该表中添加一条新记录。

类似地，可将余下的记录及"商品"表中的所有记录添加到相关的表中。

图 10-11　"Dynaset:部门"记录编辑器

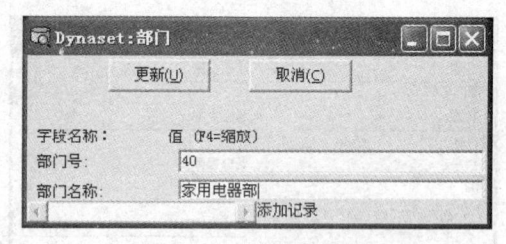

图 10-12　添加新记录

到此，"商品管理.mdb"数据库创建完毕。

例 10-2　利用"商品管理.mdb"及其中的数据表，开发一个应用程序 cx（商品查询），要求如下：

①创建一个应用程序。执行该程序时，首先在屏幕上显示一个下拉式菜单，如图 10-13 所示。

②当选择"选择查询"菜单项时，运行图 10-14 所示的窗体 xzcx.frm。在窗体中选择相应的字段后，再单击"查询"按钮，可浏览查询结果，如图 10-15 所示。

图 10-13　主程序运行界面

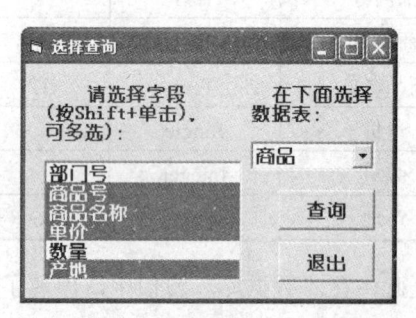

图 10-14　"选择查询"窗体运行界面

③当选择"查询统计"菜单项时，出现如图 10-16 所示的"查询统计"窗口。在"部门名称"组合框处选择一种商品名称，单击"统计"按钮，可显示统计结果。

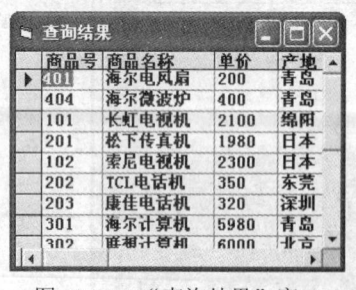

图 10-15　"查询结果"窗口

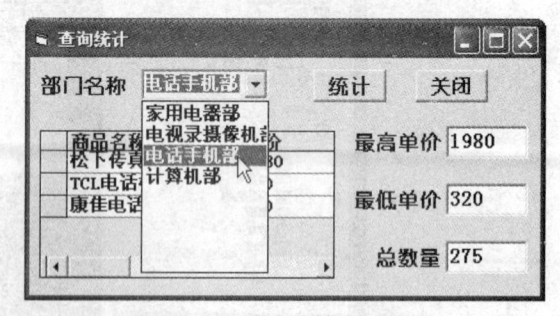

图 10-16　"查询统计"窗口

应用程序设计过程如下：

（1）设计多重窗体

①打开例 10-1 中所保存的工程 cx.vbp。

②单击"工程"菜单中的"添加窗体"命令，添加三个窗体 Form2～4。设置窗体 Form1～4 的 Name 属性分别为 main、xzcx、cxjg 和 cxtj；Caption 属性分别为：商品查询与统计、选择查询、查询结果和查询统计。

③保存工程，在保存工程时，窗体 Form1～4 和模块分别以文件名 main.frm、xzcx.frm、cxjg.frm、cxtj.frm 和 module1.bas 存盘，如图 10-17 所示。

图 10-17　CX "工程资源管理器" 窗口

（2）设计主菜单

①在 "工程资源管理器" 对话框中双击窗体 main.frm，打开窗体设计器。单击 "标准" 工具栏上的 "菜单编辑器" 按钮，在打开的 "菜单编辑器" 对话框中设计主菜单，如图 10-18 所示。

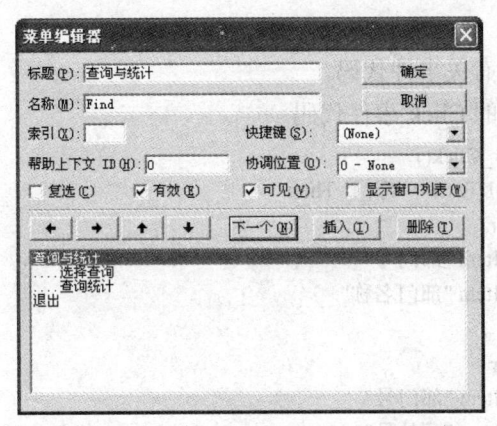

图 10-18　"菜单编辑器" 对话框

主菜单各项的含义如图 10-19 所示。

菜单项	名称
查询与统计	Find
……选择查询	Cx
……查询统计	Stat
退出	Quit

图 10-19　菜单项及其含义

②为主菜单各项添加有关的事件代码。

- "选择查询" 菜单项 Cx 的 Click 事件代码

```
Private Sub Cx_Click()
    main.Hide
    xzcx.Show
End Sub
```

- "查询统计"菜单项 Stat 的 Click 事件代码

  ```
  Private Sub Stat_Click()
      main.Hide
      cxtj.Show
  End Sub
  ```

- "退出"菜单项 Quit 的 Click 事件代码

  ```
  Private Sub Quit_Click()
      End
  End Sub
  ```

③单击"工程"菜单中的"添加模块"命令,为应用程序添加一个模块。在模块程序代码中编写以下语句:

```
Public TJ As String, BM As String    '定义两个全局变量,表示统计量和部门
```

(3) 设计"选择查询"xzcx 窗体

①在"工程资源管理器"窗口中双击窗体 xzcx.frm,打开窗体设计器。

②在窗体上添加两个标签 Label1～2,两个命令按钮 Command1～2,一个列表框 List1 和一个组合框 Combo1。设置组合框 Combo1 的 List 属性为"部门　商品",其他各控件属性采用默认值。

③添加窗体及控件的有关事件代码。

- 组合框 Combo1 的 Click 事件代码

  ```
  Private Sub Combo1_Click()
      If Trim(Combo1.Text) = "部门" Then
          List1.Clear
          List1.AddItem "部门号"
          List1.AddItem "部门名称"
      Else
          List1.Clear
          List1.AddItem "部门号"
          List1.AddItem "商品号"
          List1.AddItem "商品名称"
          List1.AddItem "单价"
          List1.AddItem "数量"
          List1.AddItem "产地"
      End If
  End Sub
  ```

- "查询"按钮 Command1 的 Click 事件代码

  ```
  Private Sub Command1_Click()
      BM = Trim(Combo1.Text):TJ = ""
      For i = 0 To List1.ListCount - 1
          If List1.Selected(i) Then
              TJ = TJ + Trim(List1.List(i)) & ","
          End If
      Next
      TJ = Mid(TJ, 1, Len(TJ) - 1)
      Me.Hide:cxjg.Show
  End Sub
  ```

- "退出"按钮 Command2 的 Click 事件代码
  ```
  Private Sub Command2_Click()
      xzcx.Hide:main.Show
  End Sub
  ```
- 窗体 xzcx 的 Load 事件代码
  ```
  Private Sub Form_Load()
      List1.Clear
      List1.AddItem "部门号"
      List1.AddItem "部门名称"
  End Sub
  ```

(4) 设计"查询结果"cxjg 窗体

① 在"工程资源管理器"窗口中双击窗体 cxjg.frm，打开窗体设计器。

② 单击"工程"菜单中的"部件"命令，在打开的"部件"对话框中选择"Microsoft ADO Data Control 6.0(OLEDB)"和"Microsoft DataGrid Control 6.0(OLEDB)"选项，将 ADO 数据控件添加到工具箱，如图 10-20 所示。

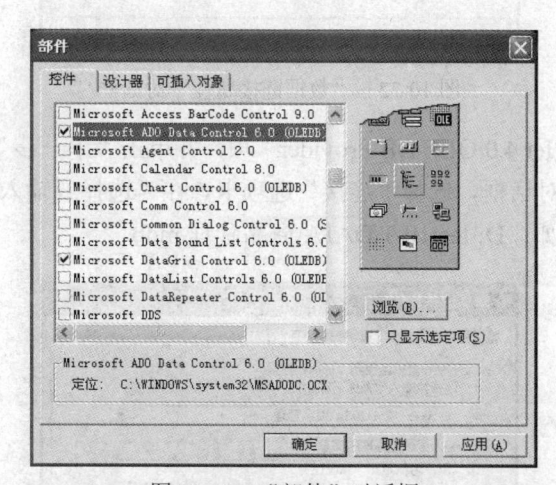

图 10-20　"部件"对话框

③ 在窗体上添加一个 ADO 数据控件 Adodc1 与一个数据表格控件 DataGrid1。

④ 右击 ADO 数据控件 Adodc1，选择快捷菜单中的"ADODC 属性"命令，打开"属性页"对话框，如图 12-21 所示。

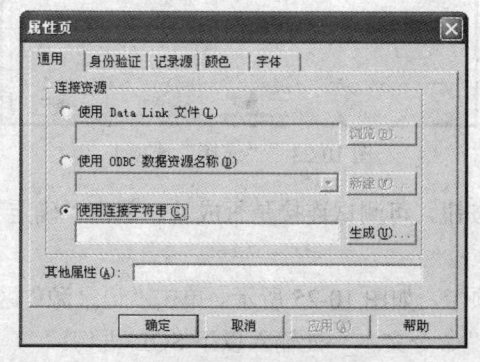

图 10-21　ADODC"属性页"对话框

⑤在"通用"选项卡中，单击"使用连接字符串"框命令按钮下方文本框右侧的"生成"按钮，打开"数据链接属性"对话框，如图10-22所示。

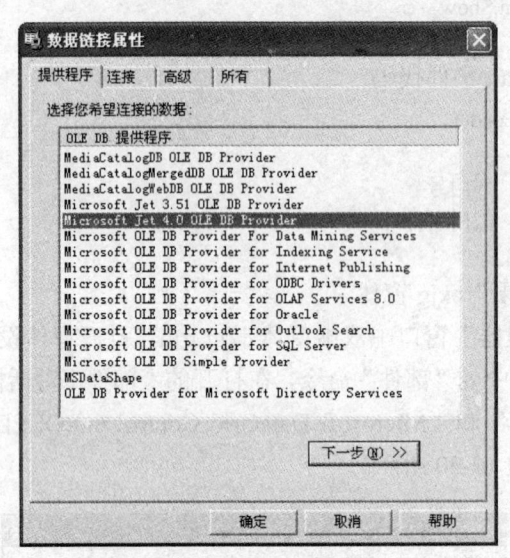

图 10-22　"数据链接属性"对话框

⑥选择"Microsoft Jet 4.0 OLE DB Provider"项，并单击"下一步"按钮，出现如图10-23所示"数据链接属性"对话框，选择"连接"选项卡，在"选择或输入数据库名称"框处输入要连接的数据库名称，如：D:\test10-1\DATA\商品管理.mdb。

图 10-23　"连接"选项卡

⑦单击"测试连接"按钮，可测试连接是否成功。单击"确定"按钮，回到如图10-24所示的"属性页"对话框。

⑧选中"记录源"选项卡，如图10-25所示。单击"记录源"区中的"命令类型"列表框，选中 1-adCmdText 项；在"命令文本"处输入以下 SQL 语句：

SELECT 商品.商品名称,商品.单价,商品.数量 From 商品

第 10 章 数据库应用

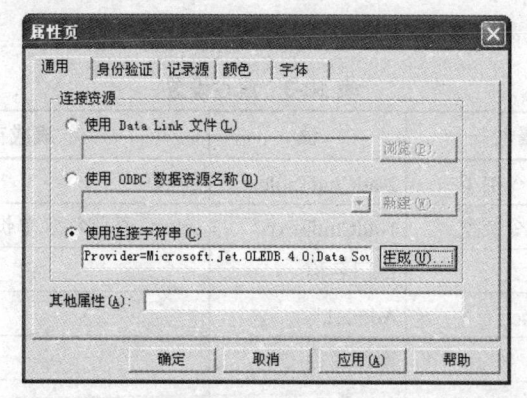

图 10-24 已生成连接字符串的"属性页"对话框

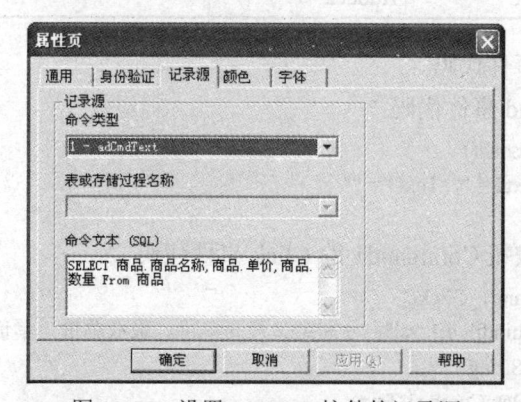

图 10-25 设置 ADODC 控件的记录源

⑨为窗体添加相关事件代码。

- 窗体 cxjg 的 Load 事件代码

   Private Sub Form_Load()
   　　Adodc1.CommandType = adCmdText
   　　cmd = "select " & TJ & " from " & BM
   　　Adodc1.RecordSource = cmd
   　　Adodc1.Refresh
   End Sub

- 窗体 cxjg 的 Unload 事件代码

   Private Sub Form_Unload(Cancel As Integer)
   　　xzcx.Show
   End Sub

（5）设计"查询统计"cxtj 窗体

①在"工程资源管理器"窗口中双击窗体 cxtj.frm，打开窗体设计器。

②单击"工程"菜单中的"部件"命令，选择"Microsoft ADO Data Control 6.0(OLEDB)"和"Microsoft DataGrid Control 6.0(OLEDB)"选项，将 ADO 数据控件添加到工具箱。

③在窗体中添加两个 ADODC 控件 Adodc1～2，一个数据组合框 DataCombo1、一个数据表格 DataGrid1、四个标签 Label1～4、三个文本框 Text1～3 和两个命令按钮 Command1～2。调整各控件的布局和默认属性。

两个 ADODC 控件 Adodc1～2，一个数据组合框 DataCombo1 和一个数据表格 DataGrid1

的主要属性如表 10-3 所示。

表 10-3 属性设置

控件	属性	值	表或存储过程名称
Adodc1	记录源命令类型	2-adCmdTable	部门
Adodc2	记录源命令类型	1-adCmdText	select 商品名称,单价,数量,产地 from 商品
DataCombo1	DataField	部门名称	
	DataSource	Adodc1	
	ListField	部门名称	
	RowSource	Adodc1	
DataGrid1	DataSource	Adodc2	

④为窗体添加相关事件代码。

- 窗体 cxtj 的 Load 事件代码

```
Private Sub Form_Load()
    Text1 = "": Text2 = "": Text3 = ""
End Sub
```

- "统计"命令按钮 Command1 的 Click 事件代码

```
Private Sub Command1_Click()
    Dim maxdj!, mindj!, dj!, zsl%  '分别定义最高单价、最低单价、单价和总数量
    Dim bmm As String
    bmm = Trim(DataCombo1.Text)
    cmd = "SELECT 商品.商品名称,商品.单价,商品.数量,商品.产地 From 部门,商品_
    WHERE 部门.部门名称 = " & "'" & bmm & "'" & " AND 部门.部门号=商品.部门号"
    ' 以上用于查询指定部门名称的数据
    Adodc2.RecordSource = cmd
    DataGrid1.Visible = True
    Adodc2.Refresh
    maxdj = Adodc2.Recordset.Fields("单价").Value
    mindj = Adodc2.Recordset.Fields("单价").Value
    zsl = Adodc2.Recordset.Fields("数量").Value
    Adodc2.Recordset.MoveNext
    Do While Adodc2.Recordset.EOF = False
        dj = Adodc2.Recordset.Fields("单价").Value
        If dj >= maxdj Then maxdj = dj
        If dj < mindj Then mindj = dj
        zsl = zsl + Adodc2.Recordset.Fields("数量").Value
        Adodc2.Recordset.MoveNext
    Loop
    Text1 = maxdj
    Text2 = mindj
    Text3 = zsl
End Sub
```

- "关闭"命令按钮 Command2 的 Click 事件代码

```
Private Sub Command2_Click()
```

```
        Unload Me
        main.Show
    End Sub
```

(6) 设置应用程序的"启动对象"

单击"工程"菜单中的"工程 1 属性"命令,打开"工程 1－工程属性"对话框,如图 10-26 所示。

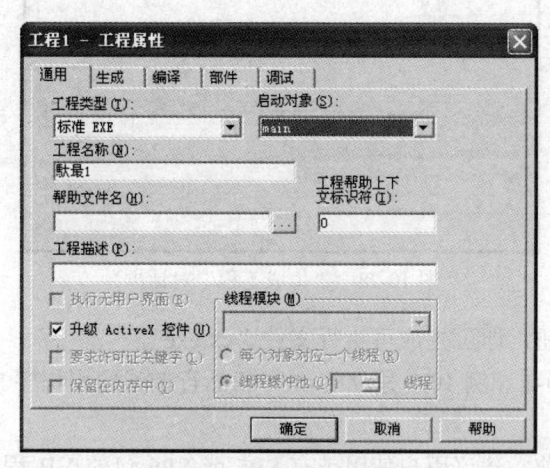

图 10-26　设置控件属性

在"通用"选项卡中,选择"启动对象"列表框中的 main,即设置窗体 main.frm 为应用程序的启动窗体。

例 10-3　应用程序编制完成,经过调试和测试,确认它是一个正确的程序之后,可以把它发行出去,以供其他散户使用。为了发布程序,必须把程序编译为可执行的文件。试将例 10-2 建立的应用程序 cx(商品查询)制作成可执行文件 cx.exe。

操作步骤如下:

①打开例 10-2 中所保存的工程文件 cx.vbp。

②单击"工程"菜单中的"工程属性"命令,出现如图 10-27 所示的"工程属性"对话框。修改属性后,单击"确定"按钮。

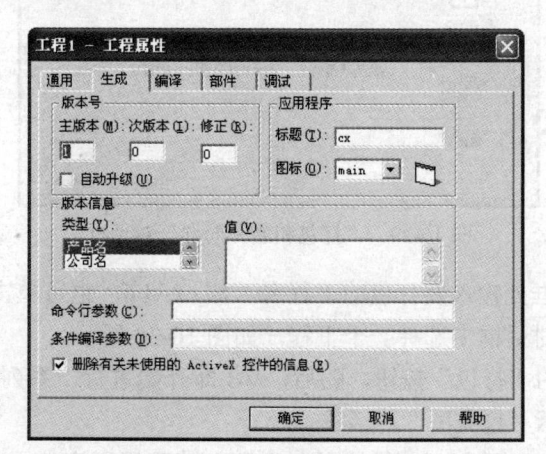

图 10-27　"工程属性"对话框

③在"文件"菜单中选择"生成 cx.exe"命令，出现如图 10-28 所示的"生成工程"对话框。输入可执行文件的文件名。默认的文件名为当前的工程文件名，扩展名为.exe。

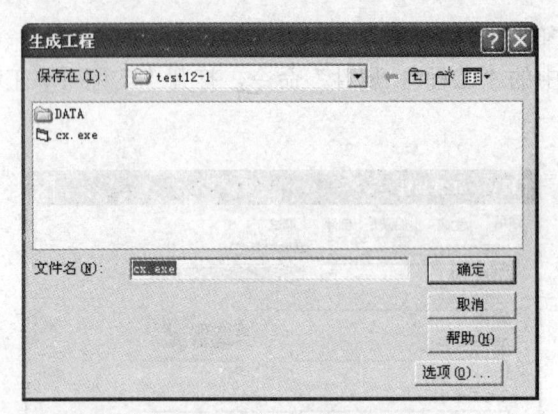

图 10-28　"生成工程"对话框

④单击"确定"按钮，即可生成可执行文件"cx.exe"。

例 10-4　打包例 10-2 和例 10-3 建立的 cx（商品查询）应用程序。

操作步骤如下：

①在打包和展开之前，建议用户使用带有 SP5 或 SP6 包的 VB 程序。首先关闭 VB 应用程序窗口，然后在 Windows 桌面上依次单击"开始"→"所有程序"→"Microsoft Visual Basic 6.0 中文版"→"Microsoft Visual Basic 6.0 中文版工具"→"Package & Deployment 向导"命令，弹出如图 10-29 所示"打包和展开向导"对话框。

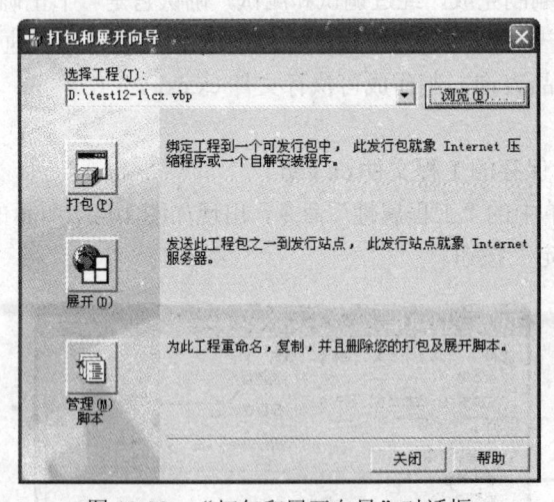

图 10-29　"打包和展开向导"对话框

②在"选择工程"框处输入要打包的工程名，如 cx.vbp，也可单击右侧的"浏览"按钮，在出现的"打开工程"对话框中选择一个工程，如图 10-30 所示。

③单击图 10-28 中的"打包"按钮，随后，VB 即开始进行一系列处理工作，稍等片刻，系统显示如图 10-31 所示"包类型"对话框。

④在"包类型"框处，选择"标准安装包"即创建应用程序的安装盘，它将以 setup.exe 作为安装文件。单击"下一步"按钮，显示"打包文件夹"对话框，如图 10-32 所示。

图 10-30 "打开工程"对话框

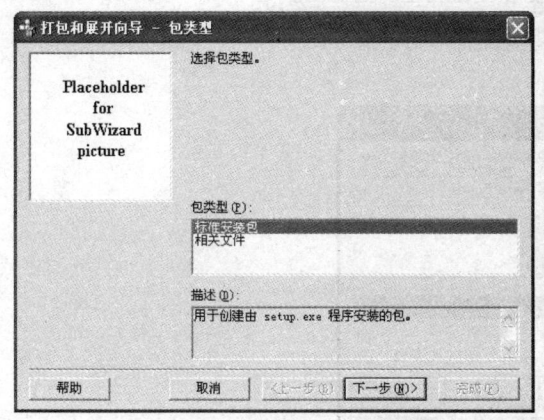

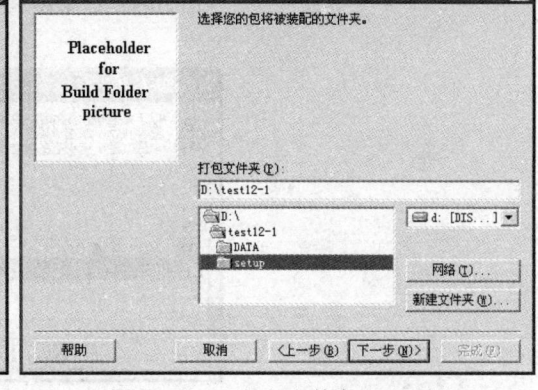

图 10-31 "包类型"对话框

图 10-32 "打包文件夹"对话框

单击"新建文件夹"按钮，出现如图 10-33 所示的"新建文件夹"对话框，输入文件夹名，可新建一个文件夹，以后可将打包文件存放到此处。

图 10-33 "新建文件夹"对话框

单击"下一步"按钮，显示"打包和展开向导"系统提示对话框，如图 10-34 所示。单击"是"按钮，出现如图 10-35 所示的"DAO 驱动程序"对话框（如果应用程序没有 DAO 控件，则不出现此对话框）。

图 10-34 系统提示信息

⑤选择一个驱动程序，这里使用 Jet 2.x，单击"▶"按钮，可选择该驱动程序。单击"下一步"按钮，出现"丢失相关信息"对话框，如图 10-36 所示。

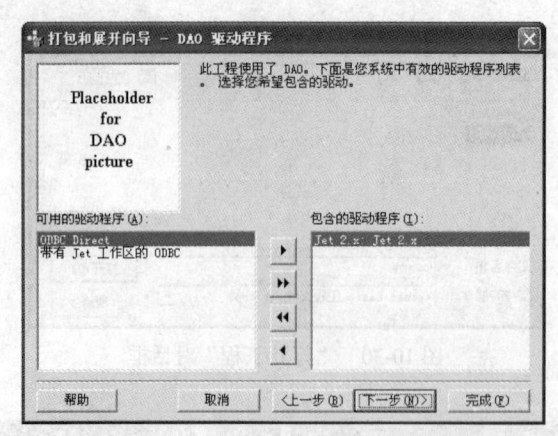

图 10-35 "DAO 驱动程序"对话框

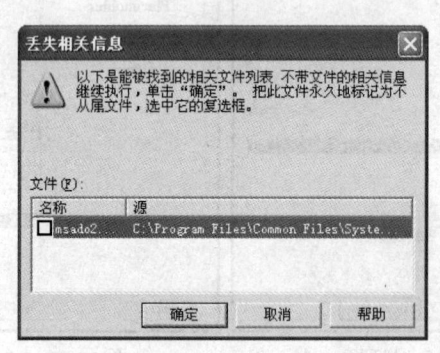

图 10-36 "丢失相关信息"对话框

勾选所需文件,单击"确定"按钮,出现"包含文件"对话框,如图 10-37 所示。

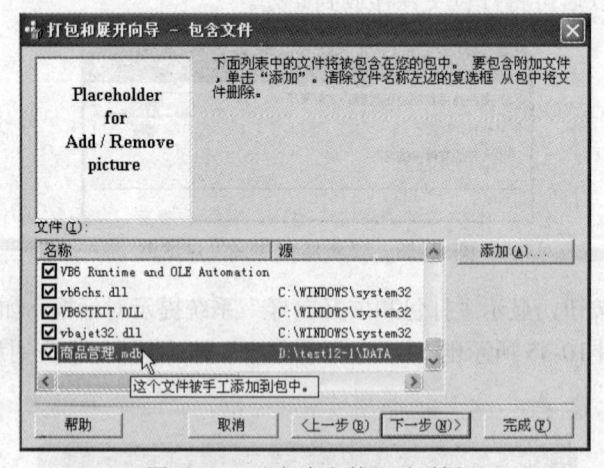

图 10-37 "包含文件"对话框

⑥该对话框用来确定哪些文件会被放入应用程序的安装软件包,即被打包在内。可以浏览已列出的文件清单,若要移去某些文件,可单击该文件左面的复选框进行清除;若要添加某些文件到应用程序的软件包中,可单击"添加"按钮,打开"添加文件"对话框进行添加。本例中将添加数据库"商品管理.mdb"文件到包文件中。

单击"下一步"按钮,出现"压缩文件选项"对话框,如图 10-38 所示。

图 10-38 "压缩文件选项"对话框

在该对话框中,有两个单选按钮:"单个的压缩文件":将安装程序所需要的文件复制到.cab 文件中;"多个压缩文件":安装程序所需的文件复制到多个指定大小的.cab 文件中。

⑦本例选中"单个的压缩文件",单击"下一步"按钮,出现"安装程序标题"对话框,如图 10-39 所示。

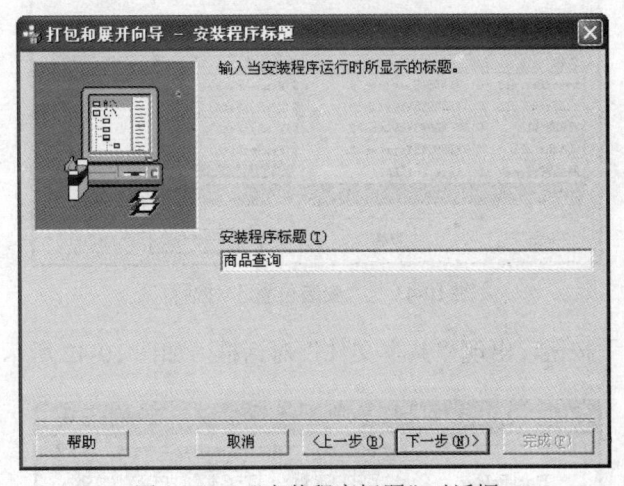

图 10-39 "安装程序标题"对话框

此对话框用于为安装程序指定在 setup 安装程序执行时所显示的应用程序的标题。如本例的标题可输入为:商品查询。

⑧单击"下一步"按钮,出现"启动菜单项"对话框,如图 10-40 所示。此对话框用于决定程序执行时在 Windows 的"开始"菜单或其子菜单中出现的菜单组和菜单项。

除了可以创建新的菜单组和菜单项之外,还可以编辑已有菜单项的属性,或者删除菜单组和菜单项。这里采用默认选项。

⑨单击"下一步"按钮,出现"安装位置"对话框,如图 10-41 所示。

在"安装位置"对话框中允许列出文件的安装位置。选择"文件"列表中的一个文件,然后在"安装位置"列表中指定一个文件的安装位置。在本例中,将数据库"商品管理 mdb"安装到安装目录的子目录 data 中,即设置安装信息为"$(AppPath)\data"。

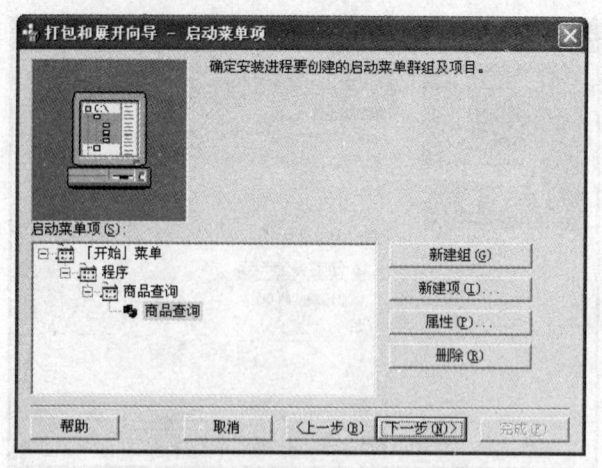

图 10-40 "启动菜单项"对话框

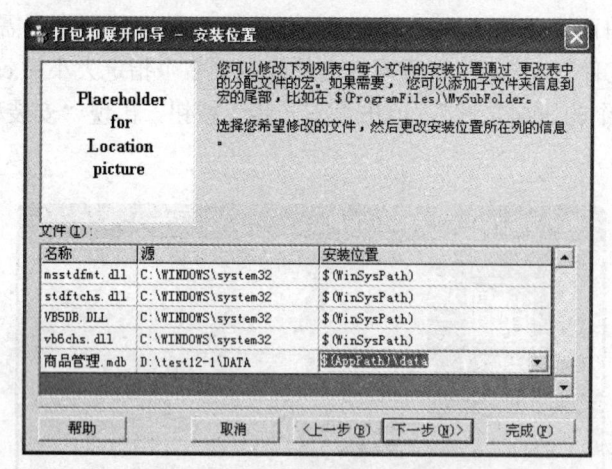

图 10-41 "安装位置"对话框

⑩单击"下一步"按钮，出现"共享文件"对话框，如图 10-42 所示。

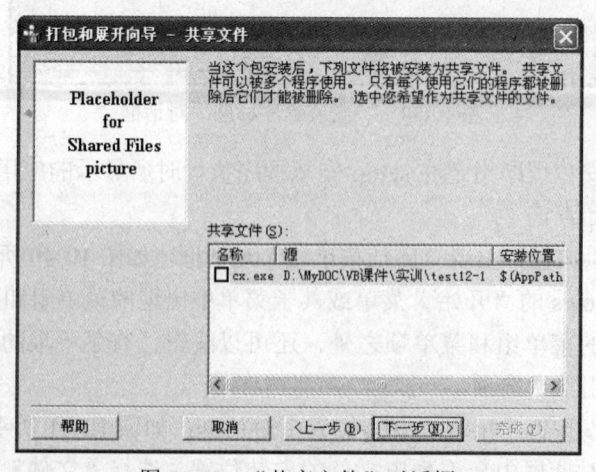

图 10-42 "共享文件"对话框

此对话框用于确定哪些文件作为共享方式安装和其安装的位置。单击"下一步"按钮，出现"已完成"对话框,如图 10-43 所示。

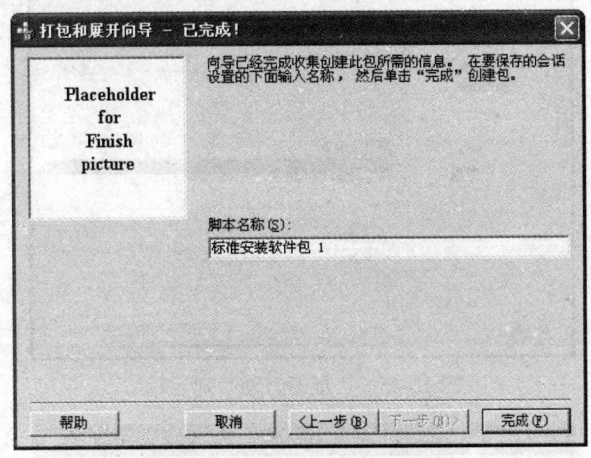

图 10-43 "已完成"对话框

"已完成"对话框可用于保存本次所有设置以便日后使用。

例 10-5 展开例 10-4 中所建立的软件包,以便分发给其他用户安装。

操作步骤如下:

①在图 10-29 所示的"打包和展开向导"对话框中,单击"展开"按钮,出现如图 10-44 所示的"展开的包"对话框。

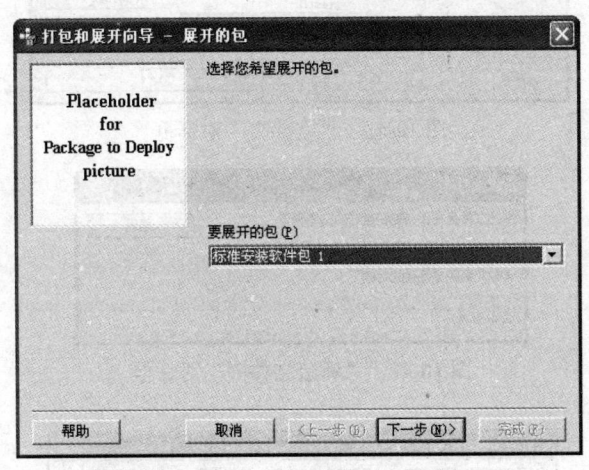

图 10-44 "展开的包"对话框

在"要展开的包"下拉列表框中选择要展开的包,单击"下一步"按钮,出现如图 10-45 所示的"展开方法"对话框。

②在"展开方法"列表框处选择"文件夹",单击"下一步"按钮,出现如图 10-46 所示的"文件夹"对话框。

③选择或新建一个文件夹,作为要展开的文件夹,单击"新建文件夹"按钮,打开如图 10-47 所示的"新建文件夹"对话框。单击"下一步"按钮,出现如图 10-48 所示的"已完成"对话框。

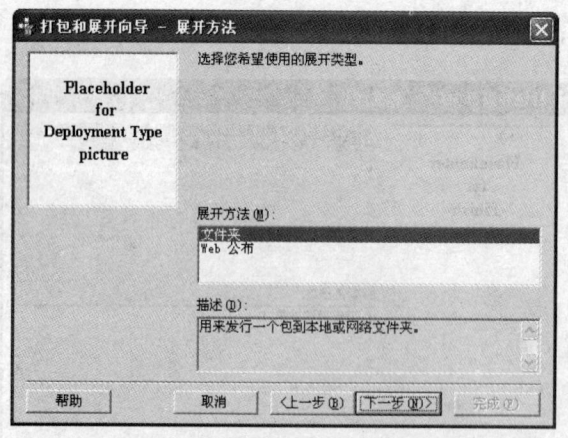

图 10-45 "展开方法"对话框

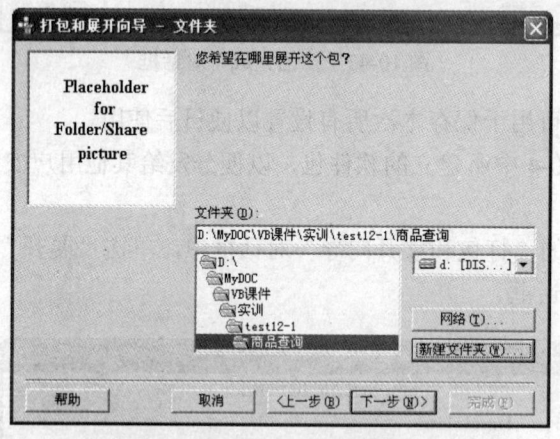

图 10-46 "文件夹"对话框

图 10-47 "新建文件夹"对话框

图 10-48 "已完成"对话框

④在"脚本名称"框处输入要保存的展开脚本,以便以后再做展开时使用。单击"完成"按钮,稍等一会,展开完成。通过 Windows 资源管理器可以察看展开后的安装文件,如图 10-49 所示。

图 10-49　展开后的安装文件

最后,复制展开的文件到其他计算机,双击 setup 即可进行安装。

三、实验练习

1. 利用 Microsoft Access 2003 建立数据库 xsgl.mdb,部分数据如图 10-50 所示。

图 10-50　xsqk 表

数据库中包含 xsqk 数据表,表结构为:

xsqk(学号(文本,8),姓名(文本,8),性别(文本,2),出生日期(日期/时间,短日期),专业号(文本,2),入学总分(数字,整型),团员(是/否),备注(备注),照片(OLE 对象))

2. 利用第 1 题的数据,建立一个应用程序,程序中有一个窗体和一个报表。窗体和报表界面如图 10-51 所示。

提示:

①要设计数据报表,需要在当前工程中加入 DataEnvironment 对象,要加入该对象可选择"工程"菜单中的"添加 DataEnvironment"命令。

②在使用数据报表设计器前需要选择"工程"菜单中的"添加 DataReport"命令,将报表设计器加入到当前工程中,产生一个 DataReport 对象,双击 DataReport 对象后即可进行报表设计。

③报表显示与打印的命令是:DataReport1.Show 和 DataReport1.PrintReport True。

图 10-51　应用程序的窗体和报表

3．利用第 1 题的 xsqk 数据表，试设计一个应用程序实现学生信息的显示、添加、删除等功能，如图 10-52 所示。

图 10-52　第 3 题图

提示：
①在窗体上用一个 Data 控件或一个 Adodc 控件与基本情况表关联，在窗体上添加"添加"、"删除"、"保存"等按钮，并编写代码实现相应的功能。
②窗体及各控件属性设置如表 10-4 所示。

表 10-4　属性设置

对象名	属性名	设置值
Form1	Caption	学生信息管理
Frame1	Caption	显示
Frame2	Caption	操作
Text1~6	Text	----
	Datasoure	Adodc1
	Datafiled	学号、姓名、性别、出生日期、专业号、入学总分、团员
Check1	Caption	----
	Datasoure	Adodc1
	Datafiled	团员
Label1~7	Caption	学号、姓名、性别、出生日期、专业号、入学总分、团员
Command1~Command5	Caption	添加、删除、上一条、下一条、保存
Adodc1	Visible	False

③主要的事件代码。
- "添加"命令按钮 Command1 的 Click 事件代码

    ```
    Private Sub Command1_Click()
        Adodc1.Recordset.AddNew
        Text1.SetFocus
        With Adodc1.Recordset
            .Fields(0) = Text1.Text:.Fields(1) = Text2.Text
            .Fields(2) = Text3.Text:.Fields(3) = Text4.Text
            .Fields(4) = Text5.Text:.Fields(5) = Text6.Text
            .Fields(6) = Check1.Value
        End With
    End Sub
    ```

- "删除"命令按钮 Command2 的 Click 事件代码

    ```
    Private Sub Command2_Click()
        If Adodc1.Recordset.RecordCount > 1 Then
            a = MsgBox("真的删除？", vbYesNo, "警告")
            If a = vbYes Then
                Adodc1.Recordset.Delete:Adodc1.Recordset.MoveNext
                If Adodc1.Recordset.EOF Then Adodc1.Recordset.MoveFirst
            End If
        End If
    End Sub
    ```

- "上一条"命令按钮 Command3 的 Click 事件代码

    ```
    Private Sub Command3_Click()
        Adodc1.Recordset.MovePrevious
        If Adodc1.Recordset.BOF Then
            Adodc1.Recordset.MoveFirst
            MsgBox "已经是首记录！"
        End If
    End Sub
    ```

- "下一条"命令按钮 Command4 的 Click 事件代码

    ```
    Private Sub Command4_Click()
        Adodc1.Recordset.MoveNext
        If Adodc1.Recordset.EOF Then
            Adodc1.Recordset.MoveLast
            MsgBox "已经是末记录！"
        End If
    End Sub
    ```

- "保存"命令按钮 Command5 的 Click 事件代码

    ```
    Private Sub Command5_Click()
        Adodc1.Recordset.Update
        MsgBox "保存成功"
    End Sub
    ```

4. 在第3题的基础上，增加一个登录窗体，当用户合法时，显示主窗体，否则退出运行程序。

5. 修改例 10-2 中窗体 cxjg.frm（查询结果）和窗体 cxtj.frm（查询统计）中的事件代码，使得 Adodc 及相关控件所使用的文件路径在代码中解决。

第 11 章　程序调试与错误处理

一、实验目的

1. 理解 VB 的运行模式和错误类型。
2. 掌握程序的调试工具及其使用方法。
3. 掌握立即窗口、本地窗口和监视窗口的使用方法。
4. 学会使用 VB 程序错误捕获方法及应用。

二、实验指导

例 11-1　下面的程序代码，用于求两数之和。运行该程序段，观察出现的语法错误。

```
Private Sub Form_Click()
1    x = 10
2    y = 20
3    z = x + y
4    Print "z="; z
End Sub
```

在输入上述代码时，标号为"3"所在行中的"+"，不小心输成了"{"，则按回车键后 VB 立刻显示出错提示窗口，刚输入的一行变为红色，如图 11-1 所示。

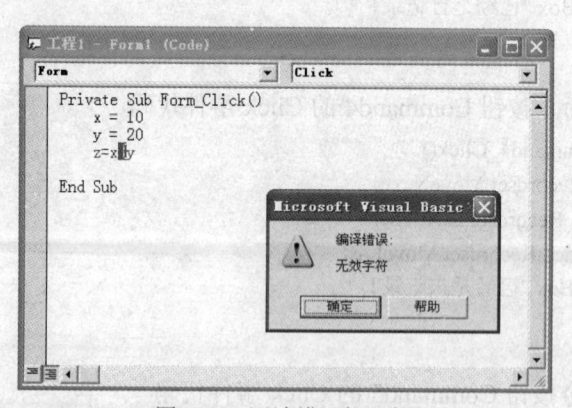

图 11-1　语法错误提示框

在这里，出错提示的含义是：无效字符。表明此行不符合 VB 语法规则。此时，若想对程序修改，必须先单击出错窗口中的"确定"按钮（或按回车键）关闭该窗口，然后对出错的程序进行修改。若不想对其进行修改，则可将光标移到下一行（按回车键）继续输入程序代码，但出错的代码行依旧是红色的，直到改正为止。

如果不明白错误信息的含义，还可以单击出错窗口中的"帮助"按钮（或按下 F1 键），来获取这条错误产生的原因及解决办法的帮助信息，如图 11-2 所示。

第 11 章 程序调试与错误处理 147

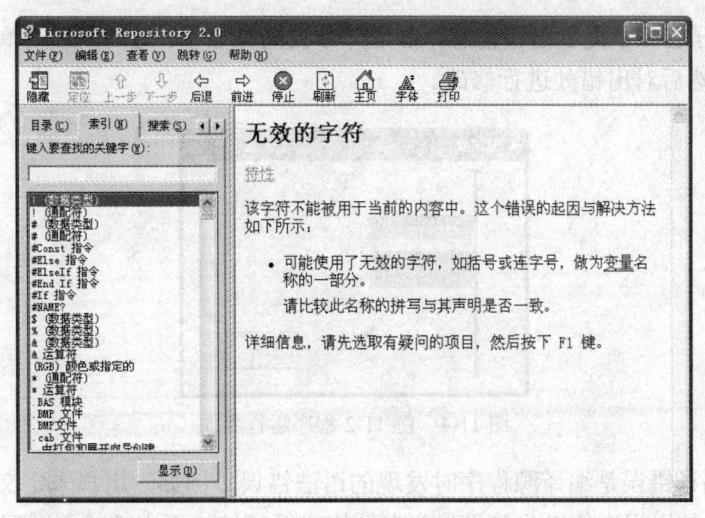

图 11-2 出错提示的帮助信息

注：只有在设置了自动语法检查后，才会在输入代码的过程中出现语法错误的提示窗口。设置自动语法检查的方法是：选择"工具"菜单中的"选项"命令，在"编辑器"选项卡中选中"自动语法检测"选项，如图 11-3 所示。

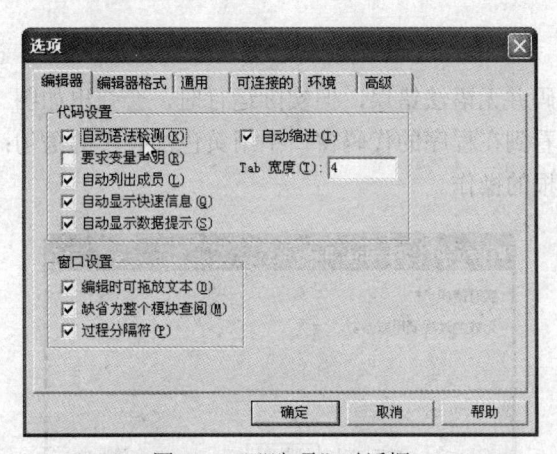

图 11-3 "选项"对话框

例 11-2 如图 11-4 所示，单击"上升"按钮后旗帜会缓慢上升到旗顶。"上升"按钮的 Click 事件代码如下，请修改程序中出现的语法错误。

  Private Sub Command1_Click()
1 Timer1.Interval = 100
2 Timer.Enabled = ture
  End Sub
  Private Sub Timer1_timer()
1 Imagel.Top = Image1.Top - 500
2 If Image1.Ttop <= 120 Then
3   Timer1.Enabled = False
  End Sub

说明：编写代码时，对于初学 VB 的读者来讲，最常见的就是出现输入错误。像上面程序控件的序列号没打保留字，或拼写错误，如"1"打成"l"等。如果运行程序，VB 在 Form

窗口会弹出一个子窗口，提示出错信息，出错部分被高亮显示。这时，必须单击"确定"按钮，关闭出错提示，然后对出错处进行修改。

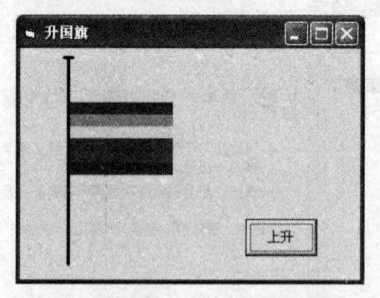

图 11-4 例 11-2 程序运行界面

例 11-3 编译错误是编译源程序时发现的语法错误。例如，用户未定义变量（或定义错误）、没有正确地使用规定的格式符号、分支结构或循环结构不完整或不匹配等。编译时，VB 会弹出一个窗口，提示出错信息，出错的那一行被高亮显示，同时 VB 停止编译。

下面是求某数的平方根的程序代码，请修改程序中出现的错误。

```
Private Sub Form_Load()
1     i = -5
2     Print Sqr(i)
End Sub
```

检查上面的程序代码并无语法错误，但实际运行时，会弹出如图 11-5 所示的错误提示。单击"调试"按钮，会看到在程序的代码窗口中用黄色加亮了的语句：Print Sqr(i)。VB 不能执行一个给负数开平方根的操作。

图 11-5 实时错误

例 11-4 一个用户登录界面，如图 11-6 所示。程序在运行时，用户可在文本框内输入"姓名"，单击"登录"按钮出现"***姓名，欢迎光临!***"的标签，从右向左反复移动，姓名如果是英文字母或汉字拼音时，改为首字母大写其他小写的格式，请修改程序中出现的错误。

图 11-6 例 11-4 程序运行界面

程序代码如下：
```
    Dim s As Integer
    Private Sub Command1_Click()
1       s = Text1.Text
2       s = UCase(Mid(s, 1, 1)) & LCase(Mid(s, 2))
3       Label2.Caption = "***" & s & ",欢迎光临!***"
4       Timer1.Interval = 100
5       Timer1.Enabled = True
    End Sub
    Private Sub Timer1_Timer()
6       Label2.Left = Label2.Left - 100
7       If Label2.Left + Label2.Width <= 0 Then
8           Label2.Left = Form1.Width - Image1.Width
9       End If
    End Sub
```

例 11-5 下面程序代码的功能是求两数之商，请修改程序中出现的运行错误。

```
    Private Sub Form_Click()
1       x = 10
2       y = 0
3       z = x / y
4       Print "z="; z
    End Sub
```

VB 在除法运算中，零作为除数会导致一个运行错误。

例 11-6 以下代码用于求 10 的阶乘，请找出并修改程序中出现的逻辑错误。

```
    Option Explicit
    Private Sub Form_Click()
1       Dim s As Long, k As Integer
2       For k = 1 To 10
3           s = s * k
4       Next
5       Print Str(k - 1) & "!=" & Str(s)
    End Sub
```

程序运行后的结果是：10！=0。很明显，结果不对，该程序包含有逻辑错误，修改错误，可在程序中标号为 2 的行前面增加一条语句"s=1"。

说明：在编译和运行时均未发现错误，却不能得到正确的结果。这种情况一般是在程序设计中出现了逻辑错误。这种错误，系统无法自动检测，也没有错误提示信息。因此，不容易判断和处理，只能通过对应用程序进行测试来验证结果的正确性。

例 11-7 如图 11-7 所示的应用程序，可以测试出单位时间内的点击数。标签 Label1 用于显示当前时间。单击 Click 按钮，标签 Label2 显示"您的点击数为：1"，再次单击显示"您的点击数为：2"。请找出并修改程序中出现的逻辑错误。

图 11-7 例 11-6 程序运行界面

代码如下:

```
Private Sub Form_Load()
1    x = 0        '错误：应将该变量声明成模块（窗体）级变量
2    Label1.Caption = Time
End Sub
Private Sub Label2_Click()      '错误：应改为 Command_Click()
1    Label2.Caption = "您的点击数为：" & x    '错误：本行应与下一行代码交换
2    x = x + 1
End Sub
Private Sub Timer1_Timer()
1    Label1.Caption = Time
End Sub
```

例 11-8　以下程序可以计算出 1~1000 之间能被 3 整除的数的个数。将标号为 "5" 的行，即 "Print I;" 所在行设置为断点。

```
Private Sub Form_Click()
1    Dim I As Integer, J As Integer
2    For I = 1 To 1000
3        If I Mod 3 = 0 Then
4            J = J + 1
5            Print I;
6            If J Mod 5 = 0 Then Print
7        End If
8    Next I
9    Print
10   Print "一共有" & J & "个数可以被 3 整除。"
End Sub
```

为了将 "Print I;" 这一行语句设置为断点，可以先把光标移到该行，然后按下 F9 键，这一行即被设为断点。语句 "Print I;" 变为粗体字，并反相显示，如图 11-8 所示。

按下 F5 键，程序运行到断点处时暂停运行，代码行左端的断点上有一水平向右的黄色箭头表明程序在此代码行暂停运行。当鼠标指针指向需要观察的变量或属性时，就会在该变量或属性的下方显示出其值，如图 11-9 所示。

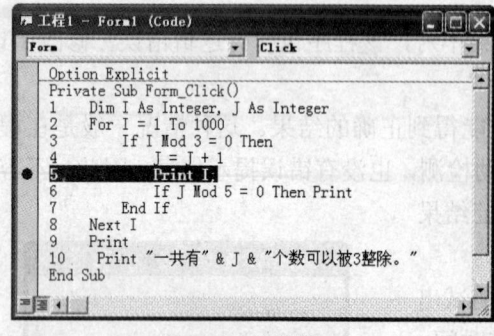

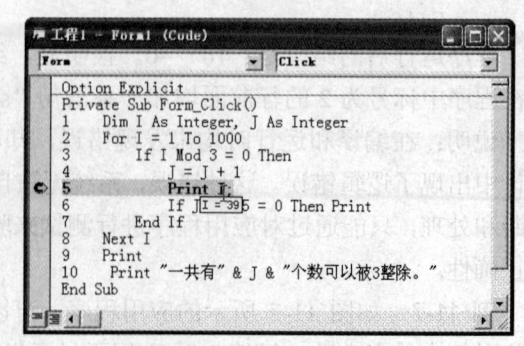

图 11-8　设置断点　　　　　　　　图 11-9　查看变量 I 的值

例 11-9　有下面程序代码。

```
Private Sub Form_Click()
1    Dim I As Integer, J As Integer, CountI As Integer
```

```
2       For I = 1 To 999
3           CountI = CountI + 1
4           If CountI = 10 Then
5               Stop
6               J = J + 1
7               CountI = 0
8           End If
9       Next I
10      Print "一共有" & J & "个 10 的倍数。"
    End Sub
```

该程序中含有 Stop 语句，但不会立即暂停执行，必须执行 10 次以上，当变量 CountI 的值等于 0 时才中断。

例 11-10 为了跟踪程序的执行流程，可以"逐语句"方式运行程序，也就是让程序每执行一步就停下来，从而可以监视变量和表达式的变化情况，判断程序运行至此的错误。对例 11-8 的程序，反复按 F8 键，以"逐语句"方式运行程序，观察运行效果，如图 11-10 所示。

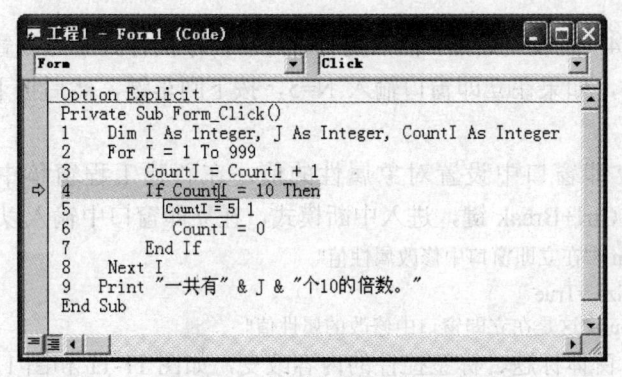

图 11-10 "逐语句"执行方式

例 11-11 按下 Shift+F8 键，以"逐过程"方式运行下面的程序，观察效果。

```
Public Sub Swap1(ByVal x As Integer, ByVal y As Integer)
    Dim t As Integer
    t = x: x = y: y = t
    Print "本次过程不影响交换前的数据。"
End Sub
Public Sub Swap2(x As Integer, y As Integer)
    Dim t As Integer
    t = x: x = y: y = t
    Print "本次过程影响交换前的数据。"
End Sub
Private Sub Form_Click()
    Dim a As Integer, b As Integer
    a = 10: b = 20
    Call Swap1(a, b)
    Call Swap2(a, b)
End Sub
```

例 11-12 执行以下的程序，在立即窗口中察看变量 P 及其平方数。

```
Private Sub Form_Load()
1    Dim P As Integer, Q As Integer
2    For P = 1 To 3
3        Q = P ^ 2
4        Debug.Print "数 P 的平方=" & Q
5    Next P
End Sub
```

例 11-13 以下程序，用来计算 N 的阶乘。

```
Private Sub Form_click()
1    Dim K%, N%, T#
2    N = Val(InputBox("请输入 N 的值："))
3    T = 1
4    For K = 1 To N
5        T = T * K
6    Next K
7    Label1.Caption = Str(N) & "!=" & T
End Sub
```

如果在标号为"4"处设置断点，然后运行程序。程序执行到断点处暂停，进入中断模式，立即窗口出现。这时，如果在立即窗口输入 N=5，按下回车键，然后按下 F5 键（"继续"执行），观察计算结果。

例 11-14 在立即窗口中设置对象属性的值。在新建工程窗体中添加一个标签控件 Label1，运行后按下 Ctrl+Break 键，进入中断模式，在立即窗口中输入以下代码：

```
Form1.Caption ="在立即窗口中修改属性值"
Label1.AutoSize =True
Label1.Caption ="这是在立即窗口中修改的属性值"
```

继续运行程序，窗体标题、标签控件的内容改变，如图 11-11 和图 11-12 所示。

图 11-11 在立即窗口中修改属性值前   图 11-12 在立即窗口中修改属性值后

例 11-15 测试过程。有以下分段函数：

$$y = \begin{cases} 3x^2 + 2x - 1 & x < -5 \\ x \cdot \sin x + 2^x & -5 \leqslant x \leqslant 5 \\ \sqrt{x-5} + \log_{10}x & x > 5 \end{cases}$$

编制如下的函数过程用于求分段函数的值，代码如下：

```
Private Function fun(x As Single) As Single
1    Select Case x
2        Case Is < -5
3            fun = 3 * x ^ 2 + 2 * x - 1
4        Case Is <= 5
```

```
5           fun = x * Sin(x * 3.1415926 / 180) + 2 ^ x
6       Case Else
7           fun = Sqr(x - 5) + Log(x) / Log(10)
8       End Select
End Function
```

在中断模式下，将调用该函数的过程的语句输入立即窗口，根据运行结果判断函数过程是否正确，例如，在立即窗口中输入：

```
Print fun(-10)
 279
?fun(0)
 1
?fun(10)
 3.236068
```

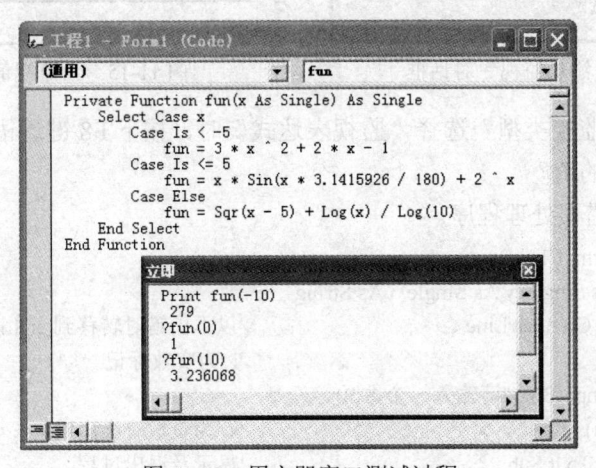

执行结果，如图 11-13 所示。

图 11-13 用立即窗口测试过程

例 11-16 根据下列公式，求自然数 e 的近似值（误差小于 0.00001）。要求：在监视窗口中监视 e 的值，当变量 e 的值超过 2.7182 时，程序将中断执行。

$$e = 1 + \frac{1}{1!} + \frac{1}{2!} + \frac{1}{3!} + \cdots + \frac{1}{n!} = 1 + \sum_{i=1}^{\infty} \frac{1}{i!}$$

编写求自然数 e 的近似值的代码如下：

```
Private Sub Form_Click()
1    Dim i%, t!, e!
2    e = 2 'e 公式中前两项的和
3    i = 1
4    t = 1
5    Do While t > 0.00001
6        i = i + 1
7        t = t / i
8        e = e + t
9    Loop
10   Print "e="; e
```

11   Print "Exp(1)="; Exp(1) '与上句输出值进行对比以证明算法的正确性
        End Sub

执行"调试"菜单中的"添加监视"命令，打开"添加监视"对话框，在"表达式"文本框中输入 e > 2.7182，在"监视类型"框处选择"当监视值为真时中断"，如图 11-14 所示。然后，运行程序，当变量 e 的值超过 2.7182 时，程序将中断执行，如图 11-15 所示。

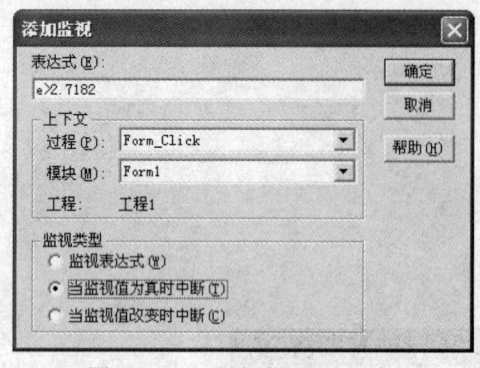

图 11-14 "添加监视"对话框   图 11-15 当监视值为真时中断

思考一下，当"监视类型"选择"监视表达式"时，按下 F8 键逐语句跟踪，此时在监视窗口如何显示变量 e 的值？

例 11-17 编制错误处理程序。

```
        Private Sub Form_Click()
1       Dim x As Single, y As Single, i As String
2       On Error GoTo errLine                           '以下出错时转移到 errLine
3       i = ""                                          'i 为实数标记
4       x = Val(InputBox("请输入一个数"))
5       y = Sqr(x)                                      'x 为负数时会出错
6       Print y; i: Exit Sub                            '显示及退出过程
errLine:                                                '标号
7       If Err.Number = 5 Then                          '本错误的错误码为 5
8           x = -x                                      '转换为正数
9           i = "i"                                     '复数标记
10          MsgBox ("错误发生在" & Err.Source & ",代码为" & _
                Err.Number & ", 即" & Err.Description)
11          Resume                                      '返回
12      Else                                            '其他错误处理
13          MsgBox ("错误发生在" & Err.Source & ", 代码为" & _
                Err.Number & ", 即" & Err.Description)
14      End If
        End Sub
```

上述程序在运行时，当用户输入一个正数，则显示出该数的平方根；如果输入的是一个负数，则因为求负数的平方根（通过函数 Sqr()）而出错，此时会跳转到错误处理程序段。

三、实验练习

对以下程序，要求如下：

①新建工程，输入代码，改正程序中的错误。

②改错时，不得增加或删除语句。

1. 本程序的功能是用来统计二维数组 A(1 to 4,1 to 4)的所有元素中 0~9 十个数字出现的次数，存入数组 Times 中并显示在窗体上。

```
Private Sub Form_Click()
    Dim A(1 To 4, 1 To 4) As Integer, I As Integer, J As Integer
    Dim Times(9) As Integer
    Randomize
    For I = 1 To 4
        For J = 1 To 4
            A(I, J) = Int(Rnd(1) * 100) + 1
            Print Format(A(I, J), "###");
        Next J
        Print
    Next I
    Call Stat(A, Times)
    For I = 1 To 10
        Print I; "..."; Times(I)
    Next I
End Sub
Private Sub Stat(A() As Integer, T() As Integer)
    Dim I As Integer, J As Integer, Cub As Integer, K As Integer
    Dim Rub As Integer, Char As String
    Cub = UBound(A, 1): Rub = UBound(A, 2)
    For I = 1 To Cub
        For J = 1 To Rub
            Char = LTrim(Str(A(I, J)))
            For K = 1 To 10
                T(Mid(Char, K, 1)) = T(Mid(Char, K, 1)) + 1
            Next K
        Next J
    Next I
End Sub
```

2. 以下程序是建立 M*N 的二维字符数组，并求出将此数组顺时针旋转 90°后的新数组。例如，原数组为：

$$\begin{bmatrix} a & b & c \\ d & e & f \\ g & h & i \\ j & k & l \end{bmatrix}$$

顺时针旋转 90°后数组为

$$\begin{bmatrix} j & g & d & a \\ k & h & e & b \\ l & i & f & c \end{bmatrix}$$

```
Option Explicit
Private Sub form_click()
```

```
            Dim char(4, 3) As String, st(3, 4) As String
            Dim I As Integer, J As Integer, N As Integer
            For I = 1 To 4
                For J = 1 To 3
                    char(I, J) = Chr("A" + N)
                    N = N + 1
                    Print char(I, J); "";
                Next J
                Print
            Next I
            Print
            Call trans(char, st)
            For I = 1 To 3
                For J = 1 To 4
                    Print st(I, J); "";
                Next J
                Print
            Next I
        End Sub
        Private Sub trans(A() As String, B As String)
        Dim I As Integer, J As Integer
            For I = 1 To UBound(A, 1)
                For J = 1 To UBound(A, 2)
                    B(J, 4 - I) = A(I, J)
                Next J
            Next I
        End Sub
```

3．以下程序功能是将一个字符串中的相同字符调整到一块，得到一个新的字符串，如图11-20 所示。

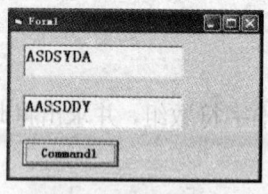

图 11-16　练习 3 图

```
        Option Explicit
        Private Sub Command1_Click()
            Dim S As String
            S = Text1.Text
            Call sub1(S)
            Text2.Text = S
        End Sub
        Private Sub sub1(St As String)
            Dim I As Integer, L As Integer, K As Integer
            Dim P As Integer, AL As String * 1
            For K = 7 To 3 Step -1
```

```
                Mid(St, K, 1) = Mid(St, K - 1, 1)
            Next
        Print St
        For I = 1 To Len(St)
            AL = Mid(St, I, 1)
            Do Until P >= 1
                For P = I + 1 To Len(St)
                    If AL = Mid(St, P, 1) Then
                        For K = P To I + 2 Step -1
                            Mid(St, K, 1) = Mid(St, K - 1, 1)
                        Next K
                        Mid(St, I + 1, 1) = AL
                        Print St
                        Exit For
                    End If
                Next P
        Next I
    End Sub
```

4．以下程序的功能是已知三角形三个顶点的坐标，通过距离公式求出三边长度，再求出三角形的面积。

```
        Option Explicit
        Private Sub Command1_Click()
            Dim xy(3,2) As Single,i As Integer
            Dim st As String,n As Integer,n1 As Integer,s As String
            Text1="(28.5,36.7),(12.3,10.9),(45.5,25.4)"
            st=Text1
            Do
                =i+1
                n=InStr(st,")")
                s=Mid(st,2,n-1)
                n1=InStr(s,",")
                xy(i,1)=Left(s,n1-1)
                xy(i,2)=Mid(s,n1+1,n-n1-2)
                If n<=Len(st) Then
                    st=Right(st,Len(st)-n)
                Else
                    Exit Do
                End If
            Loop
            Text2=area(xy)
        End Sub

        Private Function area(xy() As Single) As Single
            Dim d(3) As Single,i As Integer,j As Integer,k As Integer,s As Single
            For i=1 To UBound(xy,1) -1
                For j=i+1 To UBound(xy,2)
                    k=k+1
```

```
                    d(k)=Sqr((xy(i,1)-xy(j,1))^2+(xy(i,2)-xy(j,2))^2)
                    s=s+d(k)
                Next j
            Next i
            s=s/2
            area=Sqr(s*(s-d(1))*(s-d(2))*(s-d(3)))
        End Function
```

5. 本程序的功能是将无符号二进制数转化为十进制数。

```
        Private Sub Command1_Click()
            Dim st1 As String,st2 As String,n As Integert
            Dim s As String
            S=Text1
            n=InStr(s,".")
            If n <>0 Then
                st1=Left(s,n-1)
                st2=Right(s,Len(s)-n-1)
            Else
                st1=s
            End If
            If n<>0 Then
                Text2=cov1(st1) & "." & cov2(st2)
            Else
                Text2=cov1(st1)
            End If
        End Sub
        Private Function cov1(st As String) As Integer
            Dim i As Integer, k As Integer
            For i=Len(st) To 1 Step -1
                cov1=cov1+Val(Mid(st, i, 1))*2^k
                k=k+1
            Next i
        End Function

        Private Function cov2(st As Integer) As Single
            Dim i As Integer, k As Integer
            K=-1
            For i=1 To Len(st)
                cov2=cov2+Val(Mid(st, i, 1))*2^k
                k=k-1
            Next i
        End Function
```

6. 本程序的功能是输入一个由正整数组成的数字串（各整数由逗号隔开，最后以#号结束），从中找出所有是 3 的幂的数并显示在列表框中。

```
        Option Explicit
        Option Base 1
        Private Sub Command1_Click()
            Dim s As String, ch As String, k As Integer
```

```
Dim a() As Integer, t As Integer, i As Integer
s = Text1
For i = 1 To Len(s)
    ch = Mid(s, i, 1)
    If ch <> "," And ch <> "#" Then
        t = t * 10 + Val(ch)
    Else
        k = k + 1
        ReDim Preserve a(k)
        a(k) = t
        t = 0
    End If
Next i
For i = 1 To UBound(a)
    If judge(a(i)) Then List1.AddItem a(i)
Next i
End Sub
Private Function judge(ByVal n As Integer) As Boolean
Do While n <> 1
    If n Mod 3 <> 0 Then
        Exit Function
    End If
    n = n \ 3
Loop
judge = True
End Function
```

附录　Visual Basic 6.0 常见错误信息

代码	说明	代码	说明
3	没有返回的 GoSub	74	不能用其他磁盘机重命名
5	无效的过程调用	75	路径/文件访问错误
6	溢出	76	找不到路径
7	内存不足	91	尚未设置对象变量或 With 区块变量
9	数组索引超出范围	92	For 循环没有被初始化
10	此数组为固定的或暂时锁定	93	无效的模式字符串
11	除以零	94	Null 的使用无效
13	类型不符合	97	不能在对象上调用 Friend 过程，该对象不是定义类的实例
14	字符串空间不足	298	系统 DLL 不能被加载
16	表达式太复杂	320	在指定的文件中不能使用字符设备名
17	不能完成所要求的操作	321	无效的文件格式
18	发生用户中断	322	不能建立必要的临时文件
20	没有恢复的错误	325	源文件中有无效的格式
28	堆栈空间不足	327	未找到命名的数据值
35	没有定义子程序、函数或属性	328	非法参数，不能写入数组
47	DLL 应用程序的客户端过多	335	不能访问系统注册表
48	装入 DLL 时发生错误	336	ActiveX 部件不能正确注册
49	DLL 调用规格错误	337	未找到 ActiveX 部件
51	内部错误	338	ActiveX 部件不能正确运行
52	错误的文件名或数目	360	对象已经加载
53	文件找不到	361	不能加载或卸载该对象
54	错误的文件方式	363	未找到指定的 ActiveX 控件
55	文件已打开	364	对象被卸载
57	I/O 设备错误	365	在该上下文中不能卸载
58	文件已经存在	368	指定文件过时，该程序要求较新版本
59	记录的长度错误	371	指定的对象不能用作供显示的所有窗体
61	磁盘已满	380	属性值无效
62	输入已超过文件结尾	381	无效的属性数组索引
63	记录的个数错误	382	属性设置不能在运行时完成
70	没有访问权限	383	属性设置不能用于只读属性
71	磁盘尚未就绪	385	需要属性数组索引

续表

代码	说明	代码	说明
387	属性设置不允许	454	找不到源代码
393	属性的取得不能在运行时完成	455	代码源锁定错误
394	属性的取得不能用于只写属性	457	此键已经与集合对象中的某元素相关
400	窗体已显示，不能显示为模式窗体	458	变量使用的类型是 Visual Basic 不支持的
402	代码必须先关闭顶端模式窗体	459	此部件不支持事件
419	允许使用否定的对象	460	剪贴板格式无效
422	找不到属性	462	远程路由器不存在或不可用
423	找不到属性或方法	463	类未在本机器上注册
424	需要对象	480	不能创建 AutoRedraw 图像
425	无效的对象使用	481	无效图片
429	ActiveX 部件不能建立对象或返回对此对象的引用	483	打印驱动不支持指定的属性
430	类不支持自动操作	484	从系统得到打印机信息时出错，确保正确设置了打印机
432	在自动操作期间找不到文件或类名	485	无效的图片类型
438	对象不支持此属性或方法	486	不能用这种类型的打印机打印窗体图像
440	自动操作错误	520	不能清空剪贴板
442	远程进程到类型库或对象库的连接丢失	521	不能打开剪贴板
443	自动操作对象没有默认值	735	不能将文件保存至 TEMP 目录
445	对象不支持此动作	744	找不到要搜索的文本
446	对象不支持指定参数	746	取代数据过长
447	对象不支持当前的位置设置	31001	内存溢出
448	找不到指定参数	31004	无对象
449	参数无选择性或无效的属性设置	31018	未设置类
450	参数的个数错误或无效的属性设置	31027	不能激活对象
451	对象不是集合对象	31032	不能创建内嵌对象
452	序数无效	31036	存储到文件时出错
453	找不到指定的 DLL 函数	31037	从文件读出时出错

参考文献

[1] 何振林. Visual Basic 程序设计上机实践指导[M]. 北京：中国水利水电出版社，2011.
[2] 龚沛曾等. Visual Basic 程序设计实验指导与测试（第3版）[M]. 北京：高等教育出版社，2007.
[3] 陈佳丽. Visual Basic 程序设计基础与实训教程[M]. 北京：清华大学出版社，2005.
[4] 王栋. Visual Basic 程序开发实例教程[M]. 北京：清华大学出版社，2006.
[5] 范慧琳等. Visual Basic 程序设计学习指导与上机实践[M]. 北京：清华大学出版社，2009.
[6] 罗朝盛. Visual Basic 程序设计实验指导[M]. 北京：科学出版社，2006.
[7] 冷金麟. Visual Basic 程序设计上机实验与习题解答（第二版）[M]. 上海：上海交通大学出版社，2008.
[8] 吴定雪. Visual Basic 程序设计实践指导与习题[M]. 北京：科学出版社，2008.
[9] 孙家启. 新编 Visual Basic 程序设计上机实验教程[M]. 北京：人民邮电出版社，2013.
[10] 全国计算机等级考试命题研究组. 上机题分类精解与应试策略——二级 Visual Basic 语言程序设计[M]. 天津：南开大学出版社，2006.